Vorwort

Luca Cordero di Montezemolo
PDG Ferrari S.p.a.

Über zweitausend Bücher zum Thema Ferrari sind bislang in aller Welt erschienen. Alle haben, jedes auf seine Art, dazu beigetragen, die Begeisterung für eine Firma am Leben zu erhalten, die so aufregend und zugleich so schwer zu leiten ist.

Hier in Maranello arbeiten wir als ein großes Team, gleich, ob es sich um Entwurf oder Realisierung eines Rennwagens oder eines Serienmodells handelt.

Daher faszinieren mich die Aufnahmen unserer Boxencrew in Rot immer wieder aufs Neue: diese Menschen verkörpern sinnbildhaft, was wir sein wollen und auch weiterhin sein werden.

Denn Ferrari blickt immer nach vorne, versucht stets, die Zukunft vorweg zu nehmen.

Dieses neue Werk zum Thema Ferrari verschafft neue Einblicke in das Wirken einer leidenschaftlichen Truppe, und dafür danke ich Sylvain Reisser und Dominique Fontenat.

Die Geburt der Berlinetta

Ferrari 212 Export Berlinetta

Nachdem Enzo Ferrari Alfa Romeo 1938 verlassen hatte, war er vertraglich verpflichtet, vier Jahre lang die Geschäfte seiner Scuderia ruhen zu lassen. Doch gelang es ihm, diese Klippe durch die Gründung der Firma Auto Avio Costruzioni in seinem Werk in Modena zu umschiffen, das sich seinerzeit fast ausschließlich der Erfüllung von Subkontrakten auf dem Gebiet der Luftfahrt widmete. Unterstützt wird die Neugründung durch den Besuch Alberto Ascaris, des jungen Sohnes des 1925 ums Leben gekommenen Renn-Asses. Mit dabei war Marchese Rangoni Machiavelli; die beiden wünschten sich von Ferrari zwei Rennwagen für die Teilnahme an den Mille Miglia des Jahres 1940. Enzo Ferrari zögerte nicht. Auf Basis eines Fiat 508C entwickelte er seinen AAC 815 Spyder mit Achtzylinder-Reihenmotor. Als dann der Krieg alle Automobilprojekte jäh stoppte, widmete sich Ferrari der Herstellung von Werkzeugmaschinen. Mit großem Erfolg kopierte er eine deutsche Mahlmaschine und verlegte die Fabrikation in den nahe gelegenen Weiler Maranello. Nach Kriegsende begann die ernsthafte Automobilproduktion – unter eigenem Namen. Nichts konnte Enzo Ferrari nun noch zurückhalten. 1947 wurden die ersten beiden Ferrari-Automobile vorgestellt: die Modelle 125 Sport und 125 Competizione, beide mit einem Anderthalbliter-V12, den der von Alfa Romeo gekommene Gioacchino Colombo entworfen hatte; die Maschine leistete 118 PS bei 6800 Touren und feierte ihr Motorsportdebüt am 11. Mai 1947 in Piacenza mit Franco Cortese am Steuer; den ersten Sieg fuhr man 14 Tage später in Rom ein. Im August traten zwei Autos mit 1,9-Liter-Motor an, welche die Typbezeichnung 159 trugen. Eines davon wurde an den Franzosen Raymond Sommer verkauft, der am 12. Oktober am Gran Premio von Turin teilnahm und gewann; dieser erste Erfolg auf internationaler Ebene machte Ferrari schlagartig bekannt. Stetig vorwärts preschend, machte Enzo Ferrari aus dieser Maschine alsbald einen Zweiliter; so entstand der Typ 166, mit dem auch erste kommerzielle Erfolge errungen werden konnten. 1948 gewann Sommer mit dem 166 Corsa die kleine Klasse in Reims und in Italien die Grossen Preise von Neapel und Florenz.

Zur gleichen Zeit schuf Carlo Felice Bianchi Anderloni, der seinem Vater an der Spitze der Carrozzeria Touring nachgefolgt war, einen 166 Spyder, der zu Ehren von Clemente Biondettis

Vorhergehende Seite, unten

Mit überwiegend aus der Vorkriegszeit stammenden Rivalen hatte der Ferrari 166 MM leichtes Spiel, wie hier beim Großen Preis von Luxemburg 1949, wo er in der ersten Startreihe stand.

Sieg in dem klassischen Straßenrennen auf den Namen Mille Miglia getauft wurde. Während die Karossen der 166 Corsa von Arbeitern in Maranello zusammengedengelt wurden, erwies sich der 166 MM als wegweisend für Ferrari, erhielt er doch eine seiner fortschrittlichen Technik angemessene Karosserie. Der hochelegante Touring-Entwurf revolutionierte die Maßstäbe im Sportwagen-Design; das im Superleggera-Verfahren, 1937 von Touring patentiert, gebaute Kleid sollte ein Meilenstein im internationalen Karosseriebau werden. Bei dieser Bauweise wurden die Aluminiumteile der Karosserie auf einem Holzbock vorgeformt und anschließend am Fahrzeug auf einen dünnrohrigen, leichten Rahmen aufgetragen. Die 166 MM Barchetta von Touring wurde auf dem ersten Turiner Salon der Nachkriegszeit präsentiert und zeigte sich in zeitloser Reinheit. Unter ihrer Aluhaut machten sich die ersten Einflüsse seitens Aurelio Lampredis bemerkbar. Das Fahrwerk hielt zwar an Doppeldreieckslenkern mit Querblattfeder vorne und hinteren halbelliptischen Blattfedern fest; doch ersetzten Houdaille-Stoßdämpfer die von Colombo verwendeten hydraulischen Einheiten. Für die frühe Nachkriegszeit stellte der auf zwei Liter gebrachte V12 einen bemerkenswerten technischen Stand dar; ihm angekoppelt fand ein Fünfganggetriebe Verwendung.

Die meisten 166 MM wurden im Rennsport eingesetzt. Am Steuer eines solchen Wagens wiederholte Biondetti seinen Coup des Jahres 1948 und gewann auch 1949 sowohl die Targa Florio als auch die Mille Miglia; nicht von ungefähr erhielt dieser 166 den Beinamen Mille Miglia. Diese Erfolge inspirierten in der Folge Luigi Chinetti, der sich für die wieder in den Rennkalender gelangten 24 Stunden von Le Mans zwei Startplätze reservieren ließ. Das Weitere ist bekannt. Der 166 MM unter Chinetti und Lord Selsdon holte den ersten von neun Ferrari-Siegen an der Sarthe. 14 Tage darauf gewann der Held von Le Mans erneut, bei den 24 Stunden von Spa-Francorchamps.

Ursprünglich als Barchetta erschienen, schneiderte Touring für den 166 MM eine schöne Berlinetta-Karosserie, die auch für den 212 Export Verwendung fand.

Trotz seines noch jungen Alters war der von Ing. Colombo entworfene V12 bereits weiterentwickelt worden: aus dem Anderthalbliter des 125 Sport von 1947 wurde 1951 das exakt 2562,51 ccm messende Aggregat des 212 Export abgeleitet.

Datenblatt 212 Export

Motor V12, 60° Gabelwinkel
Hubraum 2562 ccm
Bohrung x Hub 68 x 58,8 mm
Leistung 150 PS bei 6500/min
Vergaser 3 x Weber 32 DCF
Getriebe 5 Gänge + RG
Chassis Stahlrohrrahmen
Vorderachse Doppeldreieckslenker, Querblattfeder, Houdaille-Stoßdämpfer
Hinterachse starr, halbelliptische Blattfedern, Houdaille-Stoßdämpfer
Fahrleistung 220 km/h Höchstgeschwindigkeit

Ungewohnt... Luigi Chinetti brachte 1951 eine 166 MM Berlinetta in Le Mans an den Start. Das Damenduo Simon/Haig brachte es auf den 15. Rang.

In der Saison 1950 fuhr der 166 MM weniger erfolgreich, trug aber dennoch zum wachsenden internationalen Renommee der Marke bei. In nur zwei Jahren hatte dieser Typ eine beeindruckende Siegesliste zuwege gebracht. Um seinen Sportkunden auch weiterhin ein geeignetes Fahrzeug zur Verfügung zu stellen, brachte Ferrari für 1951 zwei Neuheiten: die Typen 212 Export und 340 America. Erstere tauchte zunächst als Berlinetta Le Mans auf, mit einer Karosserie, die es bereits 1950 auf einigen Chassis des 166 MM gegeben hatte, benannt zu Ehren der Erfolge an der Sarthe. Die schnittige, aerodynamische Karosserie war zum Einen speziell für Le Mans ersonnen worden, aber auch für Kunden gedacht, die einen geschlossenen 166 ihr eigen nennen wollten. Chassisnummer 0112E, einer der seltenen 212 Export mit dieser Karosserie, besaß einen auf 68 mm aufgebohrten V12, der aus 2562,51 ccm 150 PS bei 6500/min holte. Kurz nach seiner Auslieferung an den italienischen Grafen Guerino Gerini am 15. Februar 1952 erhielt dieses Fahrzeug einen Motor vom Typ 225S. Die Bohrung war auf 70 mm erhöht, der Hubraum betrug nun 2715,46 ccm, die Leistung 230 PS bei 7200 Umdrehungen. Am 25. April 1953 stand 0112E unter seinem Besitzer und Luciano Donazzolo am Start der 20. Ausgabe der Mille Miglia, kam jedoch nicht ins Ziel. Auch beim Rennen Susa-Moncenisio stand die Berlinetta am Start, ehe Gerini sie an Eduardo Lualdi verkaufte. Am 30. April 1955 stand die 212 Export Berlinetta, jetzt im Besitz von Aldo Simonetta, wiederum in der Startaufstellung der Mille Miglia, war jedoch nicht erfolgreicher als schon 1953. Ende 1955 ging der Wagen an den Australischen Konsul in Italien, Nino Sacilotto, der ihn mit nach Hause nahm. Erst 1988 sollte das Auto, mittlerweile in der Hand des elften Besitzers, seine Heimat wiedersehen.

Der 212 Export mit Touring-Karosserie war, wie der kleinere Bruder 166 MM, eine verführerische Schönheit und ein wichtiger Markstein auf dem Weg zu den noch kommenden, phantastischen Modellen.

Pinin Farinas Erstling

Ferrari 212 Inter

Strebsam und ehrgeizig wie er war, hatte Enzo Ferrari ab Beginn der fünfziger Jahre Hubräume und Leistungswerte erhöht. Damit erklärte sich die noch junge Firma aus Maranello zum Rivalen weit traditionsreicherer Werke und mischte auch erfolgreich bei Rennen jeglicher Art mit. Formel 1, Sportwagen, GTs: Ferrari kümmerte sich um sämtliche Klassen. Um den Bestand seines Unternehmens zu sichern und als Grundlage für den Rennwagenbau musste Ferrari zunächst einmal die Produktion der Seriensportwagen in Angriff nehmen. Ein gutes Beispiel für ein solches Fahrzeug ist der 212 Inter, mit dem man den exklusiven Markt für die eigenen Produkte vergrößern wollte. Auf dem Genfer Salon 1951 präsentiert, folgt das Chassis des 212 Inter den damals in Maranello üblichen Konstruktionslinien; der 212 Inter muss als Frucht der Erfahrungen verstanden werden, die zum Einen mit den Serienmodellen 166 und 195 Inter, zum Anderen mit dem 212 Export-Rennsportwagen gewonnen worden waren. Der Colombo-V12, im Modell 125 ursprünglich 1500 ccm groß, wuchs über 1995 ccm im 166 auf 2341 ccm im 195 und nun, dank einer auf 68 mm erhöhten Bohrung, auf 2562 ccm im 212 Inter. Die Vergaserbestückung richtete sich nach den Wünschen der Kunden und reichte von einem einzelnen Einfachvergaser bis zu einer Batterie von drei Weber-Doppelvergasern mit 32 oder gar 36 mm Durchlass; letztere Anlage stammte aus dem 212 Export. Die Leistung lag entsprechend zwischen 150 PS bei 6500 und 165 PS bei 7000 Touren.

Um die Straßenlage zu verfeinern, wuchs der Radstand des im Übrigen vom 195 Inter abgeleiteten Fahrwerks auf 2,60 m. Das Chassis bestand aus kräftigen Stahlrohren von ovalem Querschnitt. Wie schon beim 125 waren die Vorderräder durch Querlenker geführt, deren unterer in Gestalt einer Querblattfeder ausgebildet war. Die Hinterachse war starr und mit zwei halb elliptischen Blattfedern in Längsrichtung versehen; vorne und hinten fanden sich Houdaille-Stoßdämpfer. Die Borrani-Speichenräder waren mit Rudge-Schnellverschlussnaben an den Aufhängungen fixiert. Darüber mag man heute lächeln, doch 1951 war das topaktuelle Technologie im Sportwagenbau. Dermaßen ausgerüstet, bot der 212 Inter seinerzeit absolute Spitzenwerte in Sachen Kraft und Fahrleistungen. Der Tradition des Hauses folgend, und anders als die englische Konkurrenz, besaßen die Ferrari hochmoderne, oft als Einzelstücke ausgeführte Karosserien. Mit dieser handwerklichen Fertigung setzte Maranello eine aus den dreißiger Jahren stammende Tradition fort, als die fahrbereiten Chassis meist den fähigsten Karosseriebauern zur Einkleidung geschickt wurden. Wie schon bei den 166 und 195 Inter, so schufen auch für den 212 Inter zumeist Michelotti und Vignale die Karosserien. Die Schöpferkraft dieser Turiner Ka-

Dieses 212 Inter Cabriolet, von Pinin Farina gezeichnet, wurde 1952 vorgestellt und in Kleinserie hergestellt; die einzelnen Autos zeigten geringfügige Abweichungen voneinander.

Für seinen ersten Ferrari
entwarf Battista „Pinin“ Farina ein recht konventionelles Stufenheck-Coupé.

Der Mode der frühen fünfziger Jahre folgend, präsentierte sich das Armaturenbrett einfach, aber funktionell: Tacho und Drehzahlmesser mussten reichen.

rossiers ließ eine Reihe hübscher Fließheck-Coupés entstehen, aber auch Cabriolets. In geringer Zahl versuchten sich auch Ghia-Aigle aus der Schweiz, Abbott in England sowie Ghia und Touring am 212 Inter. Und genau mit diesem Modell trat auch Pinin Farina dem Kreis derjenigen bei, die den Ferrari-Wagen Gestalt verliehen. Nachdem Pinin Farina zuvor einen 212 Inter (Fahrgestellnummer 0177/E) als Einzelstück für den Schweizer Georges Filipinetti karossiert hatte, stellte er Ende 1952 ein Stufenheckcoupé vor. Von diesem sehr sauberen Entwurf entstand im Laufe eines knappen Jahres eine Kleinserie von 15 Exemplaren. Das hier gezeigte Auto entstammt dieser Serie; es trägt die Nummer 0277/EU und verließ am 17. Dezember 1952 das Werk. Im Juli 1953 wurde der 212 in Frankreich an einen gewissen Herrn Ducros ausgeliefert und gelangte dann in die Hände von Charles Pozzi, dem Ferrari-Importeur für Frankreich. Pozzi benutzte den Wagen täglich für seine persönlichen Erledigungen. 0277/EU steht heute noch voll im Saft und verlebt glückliche Stunden an der Seite seiner Geschwister in Frankreich.

Mit dem 212 Inter versuchte man bei Ferrari erstmals, eine Standardisierung von Teilen zu verwirklichen. Zwischen seiner Vorstellung Ende 1951 und der Einführung seines Nachfolgers, des 250 Europa, verließen etwa achtzig 212 Inter die Werkshallen; das waren deutlich mehr Exemplare als die 38 Stück vom Typ 166 Inter und die 26 Exemplare vom 195 Inter, die zuvor entstanden waren. Und das war nur der Anfang der rasch wachsenden Begeisterung, welche die Marke Ferrari hervorrief.

Als Ahnherr der heutigen GT-Modelle war der 212 Inter dank seines langen Radstandes von 2,60 Metern ein echter 2+2-Sitzer.

Datenblatt 212 Inter

Motor V12, 60° Gabelwinkel
Hubraum 2562 ccm
Bohrung x Hub 68 x 58,8 mm
Leistung 160 PS bei 6500/min
Vergaser 3 x Weber 36 DCF-Doppelvergaser
Getriebe 5 Gänge + RG
Chassis Ovalrohrrahmen
Vorderachse Trapezlenker, Querblattfeder, Houdaille-Stoßdämpfer
Hinterachse starr, halbelliptische Blattfedern, Houdaille-Stoßdämpfer
Reifen 5,50 x 15
Leergewicht 1020 kg
Fahrleistung 200 km/h Höchstgeschwindigkeit

Schneller als der Wind: die Maschine des 212 Inter entwickelte mit drei Weber-Doppelvergasern 36 DCF satte 160 PS bei 6500/min.

Nach Wunsch der Prinzessin

Ferrari 250 MM

Zu Beginn der fünfziger Jahre richtete sich Ferrari bei der Herstellung seiner Straßensportwagen in hohem Maße nach den Wünschen seiner erlauchten Klientel. Je nach deren Lust und Laune fielen die Entwürfe und technischen Details aus; das heißt, von einer echten Serienfertigung konnte man wahrlich nicht sprechen. Enzo Ferrari war damals vor allem bestrebt, seine Rennabteilung zu finanzieren und trachtete deshalb danach, mit vielen Varianten den Wünschen der Hoheiten entgegen zu kommen. Auch dem Anliegen der Prinzessin Saddrudin Aga Khan, Kundin der ersten Stunde, verschloss er sich nicht. Das Ferrari-Programm umfasste 1953 zwei Modelle auf langem Radstand – 250 Europa und 375 America; doch die sportbegeisterte Prinzessin wünschte sich den 250 Mille Miglia – kurz MM –, der im März 1953 auf dem Genfer Salon sein Debüt feierte.

Diese Sport-Berlinetta repräsentierte 1953 die goldene Mitte unter Ferraris Sportmodellen, eingerahmt vom 166 MM/53 mit Zweilitermotor zum Einen und zum Anderen von dem mächtigen 340 MM mit 4,1- oder, im Falle der Werks-Scuderia, 4,5-Liter-Maschine. Als mittleres Modell bot der 250 MM den Dreiliter-V12 des 250 Sport, der die Mille Miglia 1952 gewonnen hatte. Diese von Gioacchino Colombo entworfene Maschine war unter der Leitung von Aurelio Lampredi stark weiterentwickelt worden. Im Falle des 250 MM erhielt der Monoblock-Leichtmetallmotor drei Weber-Vierfachvergaser, was für eine Leistung von 220 PS bei 7200 Umdrehungen sorgte. Die Kraftübertragung erfolgte über ein synchronisiertes Vierganggetriebe.

Wie seine Geschwister ruhte der 250 MM auf einem Stahlrohrrahmen-Chassis, doch der

Ausnahmefall: die 250 MM Berlinetta Nr. 0338/MM war das Einzige der 18 bei Pinin Farina gebauten Exemplare, das nicht im Rennsport eingesetzt wurde.

Radstand wuchs von 2,25 auf 2,40 Meter. Die Vorderräder waren an zwei übereinander liegenden Dreieckslenkern und einer einzelnen Querblattfeder aufgehängt, die Hinterräder besaßen vier Schubstreben und zwei längs montierte Blattfedern. Um seine 900 Kilogramm einzubremsen, besaß der 250 MM mächtige Bremstrommeln aus Aluminiumguss; für den Komfort sorgten hydraulische Houdaille-Stoßdämpfer.

Ferrari überließ den Kunden die Wahl zwischen zwei Karosserievarianten, Berlinetta und Barchetta. Die Fertigung der offenen Barchetta besorgte Vignale, inzwischen schon jahrelang Ferrari-Partner. Die Berlinetta hingegen wurde bei Pinin Farina in Turin eingekleidet. Trotz der noch jungen Partnerschaft – gerade einmal ein Jahr während – zog Pinin Farina für seine erste Ferrari-Berlinetta alle Register. Als Meisterwerk an kraftvoller Eleganz zeigte sich der 250 MM geduckt und energiegeladen. Wie alle Rennsportmodelle des Hauses trug der 250 MM eine Haut aus Aluminium; auf der Jagd nach überflüssigen Pfunden opferte man alle Komfortdetails der Straßensportwagen. Die Inneneinrichtung fiel äußerst einfach aus, die Seitenscheiben zeigten sich als simple Schiebefenster und die Heckscheibe bestand aus Plexiglas.

Der 250 MM blieb ein Jahr lang im Programm und verkaufte sich genau 31 mal. Vignale baute 12 Barchetten und ein einzelnes Coupé, Pinin Farina 18 Berlinetten. Unser Fotoexemplar ist gewiss das exotischste und exklusivste Modell der Baureihe, denn es handelt sich um den Wagen, der für die

Auf besonderen Wunsch der Prinzessin Saddrudin Aga Khan erhielt Nr. 0338/MM eine gehobene Ausstattung, darunter Sitzbezüge von Hermès.

Unten:

Die 250 MM Barchetta mit Vignale-Karosserie zählte bei der Tour de France 1953 unter Marchand/Fayer zu den Favoriten, erhielt im Ziel aber eine saftige Zeitstrafe.

5 ARNAGE
62
14

Ferrari

Datenblatt 250 MM

Motor V12
Hubraum 2953 ccm
Bohrung x Hub 73 x 58,8 mm
Leistung 230 PS bei 7200/min
Vergaser 3 Weber-Vierfachvergaser
Getriebe 5 Gänge + RG
Chassis Stahlrohrrahmen
Vorderachse Doppeldreieckslenker, Querblattfeder
Hinterachse starr, halbelliptische Blattfedern, vier Schubstreben, vier hydraulische Stoßdämpfer
Leergewicht 900 kg
Fahrleistung 230 km/h Höchstgeschwindigkeit

Linke Seite oben:

Als großer Favorit bei den 24 Stunden von Le Mans 1952 galt der 250 S unter Ascari/Villoresi, der aber schon früh ausschied, nicht ohne zuvor einen neuen Rundenrekord aufgestellt zu haben.

Prinzessin Saddrudin Aga Khan entstand (Fahrgestellnummer 0338/MM) und einige Besonderheiten bietet. Das Auto war für den täglichen Gebrauch konzipiert und wurde am 28. Mai 1953 ausgeliefert; die dreiteilige Heckscheibe bestand aus Sekurit-Glas, die Seitenscheiben ließen sich herunter kurbeln (anders als bei den sonstigen Berlinetten, die Schiebefenster besaßen) und der Tankverschluss saß unter einer Abdeckkappe. An den Türen fanden sich alltagstaugliche Griffe mit Schließmechanismus und auch die rudimentären Stoßstangenhörner an Front und Heck sollten der Bestimmung des Wagens entsprechen. Am Armaturenbrett fanden sich Bedienelemente für die installierte Clayton-Heizung und, gleichsam als Krönung des Ganzen, hatte die feudale Polsterei Hermès in Paris die Innenausstattung dieses fürstlichen 250 MM besorgt. Sitze, Getriebetunnel, Türtafeln und Ablagefach wurden mit edlem grauem Stoff bespannt. Der graue Lack der Außenhaut war auf den Innenraum farblich abgestimmt. Vom zweiten Besitzer rot lackiert, erhielt 0338/MM später seine ursprüngliche Farbe und das Wappen der Familie Khan zurück und gehört heute in die Sammlung des französischen Importeurs. Als Musterbild an stilistischer Reinheit markierte diese erste, von Pinin Farina gezeichnete Ferrari-Berlinetta einen frühen Höhepunkt unter den Ferrari 250. Und die besondere Stellung, die 0338/MM innehatte, war der Ausgangspunkt für eine GT-Familie, die sich sowohl zivil als auch im Rennsport nutzen ließ.

Reine Kraft

Ferrari 375 MM

Für die Saison 1953 hatte die CSI, die Internationale Motorsportbehörde, den Konstrukteurs-Weltmeistertitel im Rahmen der Sportwagenklasse ausgeschrieben. Damals verfügte Ferrari über drei verschiedene Sportwagen: den Zweiliter-166 der zweiten Serie, 1952 vorgestellt und mit einem weiterentwickelten Colombo-Motor ausgerüstet, den 250 MM mit Dreilitermaschine und schließlich den 340 America, der von der Scuderia benutzt, aber auch an Privatkunden verkauft wurde. Mit diesem Modell sollte Ferrari seinen ersten Sportwagen-Weltmeistertitel holen, dank Siegen von Villoresi bei der Targa Florio, von Marzotto bei der Mille Miglia und von Ascari auf dem Nürburgring. Bei dieser Gelegenheit ersetzte ein 4,5-Liter-Motor die vormalige 4100-ccm-Maschine, was aus dem 340 einen 375 machte – stand diese Ziffer doch für den Hubraum eines einzelnen Zylinders. Der größere Motor wurde zuerst in einen 340 MM mit Pinin Farina-Karosserie (Nr. 0318) eingebaut, mit dem Ascari/Villoresi unterwegs waren und war direkt vom Motor des 375/F1 abgeleitet, mit dem Ferrari an den 500 Meilen von Indianapolis 1952 teilnehmen wollte. Bei den 24 Stunden von Spa-Francorchamps im Juli brachte Ferrari drei 4,5-Liter-Wagen unter der Bezeichnung 375 MM an den Start. Ascari/Villoresi schieden mit Hinterachsschaden aus, Maglioli/Carini mit Kupplungsproblemen, doch der dritte Wagen unter Hawthorn/Farina gewann das Rennen mit 18 Runden Vorsprung vor Douglas/Galle auf Jaguar.

Der Viereinhalblitermotor war nicht nur das Resultat eines vergrößerten Hubs, sondern auch das Geisteskind von Ingenieur Aurelio Lampredi. Von Beginn an neben Gioacchino Colombo bei Ferrari tätig, teilte Lampredi keineswegs die Ansichten seines Chefs, was die Entwicklung

Oben:

Auf Basis der 375 MM Berlinetta entwickelte Ferrari einen beeindruckenden Rennsportwagen für das Werksteam. Diese 375 Plus Barchetta errang unter Trintignant/Gonzales 1954 den zweiten Le Mans-Sieg für Ferrari.

Letzte Hand wird hier an eines von Pinin Farinas schönsten Meisterwerken gelegt, ehe es auf dem Pariser Salon 1954 gezeigt wird. Es handelt sich um den 375 MM Nr. 0456/AM, den Roberto Rossellini für seine Frau Ingrid Bergman in Auftrag gegeben hatte.

eines aufgeladenen Anderthalbliter-Motors für die Grand-Prix-Wagen anging, sondern favorisierte von vorneherein einen unaufgeladenen V12 von 4,5 Litern Hubraum. Enzo Ferrari entschied die Sache zugunsten Lampredis. Colombo schied daraufhin enttäuscht aus. Merkwürdigerweise kam der speziell für die Formel 1 entwickelte Lampredi-V12 zunächst gar nicht mit 4,5 Litern heraus, sondern in Gestalt eines 3,3-Liter-Motors, der dann erst auf 4,1 und schließlich für den Großen Preis von Italien 1950 auf 4,5 Liter vergrößert wurde. Bei den Sportwagen debütierte der Lampredi-Motor in einem 275 S bei der Mille Miglia 1950. Da die Hubraumgrenze in der Formel 1 der Saison 1952 bei zwei Litern lag, blieb der Maschine ein Erfolg zunächst versagt. Doch jetzt kommen wir in das Jahr 1953. Dank der neuen Sportwagenmeisterschaft geht der Gipfelsturm weiter. Es entsteht die Idee, 1954 eine Berlinetta mit dem 4,5-Liter-Triebwerk auszurüsten. Pinin Farina entwarf den Wagen, der getrost als Design-Meilenstein angesehen werden kann. Als Konzentrat aus Kraft und Aggressivität vereinte die 375 MM Berlinetta Competizione die besten Züge italienischen Designs in sich. Karosserie und Technik ließen den Betrachter zaudern: war das ein Auto für die Straße oder für den Rennsport? So meisterhaft kamen die Zwecke hier zusammen. Eine erste Antwort gab das erste Exemplar des 375 MM, der im November die klassische Carrera Panamericana bestritt. Unter Maglioli/Cassini schied der Wagen mit einem Raddefekt aus. Der Motor war im Vergleich zur ersten Ausführung weiter entwickelt worden; der Hubraum lag bei 4522 ccm, die Bohrung war von 80 auf 84 Millimeter erhöht worden. Mit drei 40er-Weber-Vergasern leistete das Triebwerk 340 PS, was damals auch einem

Datenblatt 375 MM

Motor V12
Hubraum 4522 ccm
Bohrung x Hub 84 x 68 mm
Leistung 340 PS bei 7000/min
Vergaser 3 Weber-Vierfach-Fallstromvergaser 40IF/4C
Getriebe 4 Gänge + RG
Chassis Stahlrohrrahmen
Vorderachse unabhängig, Querblattfeder
Hinterachse starr, Houdaille-Stoßdämpfer
Leergewicht 900 kg
Fahrleistung 240 km/h Höchstgeschwindigkeit

Stärke und Eleganz zeichneten den 375 MM aus. Chassisnummer 0368/AM, das Zweite von sieben Exemplaren, kündet von Pinin Farinas großem Talent.

Grand-Prix-Wagen gut zu Gesicht gestanden hätte. Der 375 MM mit einem Radstand von 2,60 Metern besaß wie seine Vorgänger eine vordere Querblattfeder, Houdaille-Stoßdämpfer und eine starre Hinterachse.

Das zweite von insgesamt sieben Exemplaren zeigte Änderungen an Karosserie und Interieur; die hier gezeigte Nr. 0368/AM wurde von dem französischen Fabrikanten Michel Paul-Cavallier aus Pont-à-Mousson geordert. Dieses rechts gelenkte Exemplar war primär für den Alltagsgebrauch vorgesehen, zeigte aber auch Rennsportelemente wie die Motorhaubenverschlüsse und die Klappe vor der Lufteinlasshutze. Ursprünglich beige lackiert, gab der zweite Besitzer, der Nr. 0368/AM noch heute hegt und pflegt, dem Wagen einen dunkelblauen Metallicanstrich. Außer 0358/AM sollte nur noch das vierte Exemplar, Nr. 0380/AM, den Benzingeruch der Rennstrecke atmen. Graf Innocente Baggio nahm mit dem Auto an der Mille Miglia und den 24 Stunden von Le Mans teil, wo der elegante Italiener in Anzug und Fliege sein Auto in der Tertre Rouge in den Sand setzte.

Doch die Geschichte ging weiter. Die Lampredi-Maschine befeuerte, auf 4,9 Liter gebracht, die 375 Plus Barchetta und ein Cabriolet-Einzelstück, das Pinin Farina für den König von Belgien maßschneiderte. Vom 375 MM baute der Turiner Karossier 24 Spyder-Modelle. Diese offenen Wagen erregten zwar geringere Aufmerksamkeit als die Berlinetten, doch dann gab es ja noch Nr. 0456/MM. Dieses 375 MM Spezialcoupé, das auf dem Pariser Salon 1954 gezeigt wurde, ging an Roberto Rossellini, der es seiner Frau Ingrid Bergman schenkte und stellt den frühen Höhepunkt einer Stilrichtung dar, die Schule machen sollte.

Hervorragender Jahrgang

Ferrari
335 Sport

Das Jahr 1955 zählt zu den schlimmsten in der Ferrari-Geschichte. Mercedes-Benz dominierte in der Formel 1 und bei den Sportwagen, womit Ferraris hauptsächliche Siegesquellen nicht mehr sprudelten. Andererseits stagnierte der Verkauf der Straßensportwagen bei 60 Stück, was auch nicht recht befriedigend war. Man musste also etwas tun…

Um den großvolumigen Maserati-Motoren Paroli zu bieten, kehrte Ferrari, nach einer Phase von Vier- und Sechszylindern, zu den V12-Maschinen zurück. Auf Basis des 410 Super America, der ein gutes Jahr zuvor erschienen war, entwickelte man für die Saison 1956 eine Wettbewerbsversion namens 410 S. Merkmale waren der 4,9 Liter große Motor mit Doppelzündung und 380 bis 400 PS bei 7000 Touren. Zwei dieser neuen Wagen nahmen an den 1000 Kilometern von Buenos Aires teil. Die Autos unter Fangio/Castellotti und Musso/Collins wechselten sich an der Spitze ab, ehe sie ausfielen.

Doch der 410 S sollte schon bald einem anderen Modell weichen. Noch vor der Mille Miglia ließ Ferrari zwei neue Barchetten vom Typ 290 MM an der Targa Florio teilnehmen. Für den Lampredi-V12 läutete das Totenglöcklein, denn der 290 MM besaß einen 3,5-Liter-V12, der vom Serientriebwerk des 250 aus dem Jahre 1952 abgeleitet war. Der 330 PS starke neue Motor verfügte ebenfalls über Doppelzündung. Der Rückschlag einer erfolglosen Targa wurde rasch verdaut. Für die Mille Miglia schickte man zwei 860 Monza und zwei 290 MM an den Start; mit einem der Zwölfzylinder gelang Castellotti im strömenden Regen der Sieg, Fangio wurde auf dem anderen Wagen Vierter. Auf dem Nürburgring waren Fangio/Castellotti im 290 MM äußerst rasch unterwegs, bis sie ein unvorhergesehener Tankstopp in der letzten Runde zurückwarf und einem Maserati 300 S unter Moss/Behra auf das Siegespodest verhalf. In Le Mans konnte der Wagen nicht teilnehmen – da der Veranstalter das Hub-

Oben:

Einmaliges Ereignis: Enzo Ferrari, der sich bei Rennen niemals blicken ließ, nimmt hier beim Start der legendären Mille Miglia 1957 ein Bad in der Menge. Der Commendatore trug einen Mechaniker-Ausweis am Revers!

Um der Konkurrenz von Jaguar, Aston Martin oder Maserati Paroli bieten zu können, war mehr Leistung angesagt. Der 335 Sport besaß am Ende der Saison 1957 einen Doppelnockenwellen-V12 mit 390 PS.

raumlimit für Prototypen auf 2,5 Liter reduziert und den Verbrauch auf 26 Liter pro 100 Kilometer limitiert hatte, erschienen die 290 MM erst wieder am 12. August beim Großen Preis von Schweden. Hier kam es zu einem prächtigen Finale der Ferrari und Maserati und am Ende zu einem Doppelsieg der 290 MM unter Hill/Trintignant und Collins/von Trips, was Ferrari zugleich den Weltmeistertitel einbrachte.

Dieser Triumph war kaum gefeiert, als, mitten in der Saison, Enzos geliebter Sohn Dino im Alter von nur 25 Jahren verstarb – kurz vor dem Großen Preis von Reims. Der untröstliche Commendatore richtete von da an seinen Blick auf die Saison 1957. Um den Konstrukteurstitel zu verteidigen, trat die Scuderia in ein Wettrüsten mit Maserati ein, das mit dem in Schweden debütierenden Maserati 450 S mit V8-Motor seinen Anfang genommen hatte. Bei gleichen Maßen zeigte sich der V12 Typ 130 des 290 MM tiefgreifend überarbeitet und besaß nun vier oben liegende Nockenwellen. Mit diesem Arrangement hatte man zuvor am Formel-1-V8 von Lancia experimentiert, den Ferrari am Ende der Saison 1955 geerbt hatte. Da die 350 PS des Motors Typ 136 im 290 S für ungenügend erachtet wurden, vergrößerte man für den 315 S die Bohrung auf 76 Millimeter, was 3783 ccm und 360 PS ergab. In der Folge wurde daraus der Typ 141 (für den 335 S) mit einem Hubraum von 4023 ccm und einer Leistung von 390 PS entwickelt.

Diese drei Motoren wurden nacheinander in prächtige Scaglietti-Karosserien eingebaut. Wie schon so oft verließ sich Ferrari auf die überwältigende Kraft und hohe Zuverlässig-

Oben:

Trotz seines Talents konnte Masten Gregory am Steuer des 3,8-Liter-Sportwagens 315 S nicht verhindern, dass Maserati bei den 12 Stunden von Sebring 1957 einen Doppelsieg einfuhr.

keit seiner Motoren, um die Nachteile auszugleichen, die sich durch die Verwendung überholter Fahrwerkstechnik ergaben. Mit einem Radstand von 2,35 Metern verfügte das Rohrrahmenchassis über vordere Schraubenfedern, DeDion-Hinterachse, Vierganggetriebe und die bewährten Trommelbremsen.
Zum Saisonauftakt in Buenos Aires siegte der 290 MM mit nur je einer Nockenwelle unter Temple Buell vor dem 290 S von De Portago. In Sebring dagegen gab es ein Debakel. Fangio/Behra und Moss/Shell errangen einen Doppelsieg für Maserati, während die Ferrari-Barchetten mit dem 3,8-Liter-Motor nur die Ränge 6 (Nr. 0674) und 7 (Nr. 0656) belegten. Der 335 S feierte sein offizielles Debüt bei der Mille Miglia, die von De Portagos verheerendem Unfall wegen eines Reifenschadens überschattet wurde. Der Fahrer, sein Copilot Gurner Nelson und zehn Zuschauer starben bei diesem Unglück, das in Italien hohe Wellen schlug. Piero Taruffi gewann das Rennen vor Wolfgang von Trips. Nach Tony Brooks' Sieg auf Aston Martin am Nürburgring stand das große Rennen in Le Mans auf dem Programm. Drei Wagen standen unter Stuart Lewis-Evans/Martino Severi, Phil Hill und Peter Collins sowie unter Mike Hawthorn und Luigi Musso am Start. Vom Werksteam kamen nur Hawthorn/Musso als Fünfte ins Ziel. Collins musste schon nach drei Runden mit Kolbenschaden aufgeben; auch den zweiten 335 S ereilte dieses Schicksal. Hawthorn hingegen pulverisierte den alten Streckenrekord um mehr als zwanzig Sekunden und erreichte als erster einen Schnitt von mehr als 200 km/h; auf der Hunaudières-Geraden wurde er mit 289,50 km/h gemessen.
Nachdem ein 4,5-Liter-Maserati unter Moss/Behra den Großen Preis von Schweden vor dem 335 S von Hill/Collins gewonnen hatte, sicherte sich Ferrari dennoch den vierten Weltmeistertitel durch einen Vierfachtriumph beim Großen Preis von Venezuela in Caracas. Hinter Nr. 0700 unter Collins/Hill und Nr. 0674 unter Musso/Hawthorn gingen zwei Prototypen des 250 Testa Rossa mit von Trips/Seidel und Trintignant/Gendebien durchs Ziel. Die Ankündigung einer Wachablösung…

Oben:

24 Stunden von Le Mans 1957. Der Gesichtsausdruck des Engländers Mike Hawthorn verrät seine Mühe mit der Strecke. Nach Collins Ausfall lag der 335 S mit der Startnummer 7 an der Spitze, hielt aber dem hohen Tempo, das Hawthorn und Musso vorlegten, nicht stand. Nach fünf Stunden schied der Wagen mit Kolbenschaden aus, zuvor hatte Hawthorn noch seinen Rundenrekord aus dem Vorjahr verbessert.

Datenblatt 335 Sport

Motor V12
Hubraum 4023 ccm
Bohrung x Hub 77 x 72 mm
Leistung 390 PS bei 7800/min
Vergaser 6 Weber-Doppelvergaser 42 DCN
Getriebe 4 Gänge + RG
Chassis Stahlrohrrahmen
Vorderachse Trapezlenker, Schraubenfedern
Hinterachse starr, Blattfedern, Houdaille-Stoßdämpfer
Leergewicht 900 kg
Fahrleistung 270 km/h Höchstgeschwindigkeit

« Tour de France »

Ferrari 250 GT

Auf dem Pariser Salon 1953 stand der neue 250 Europa, ein Gran Turismo, dessen drei Liter messender V12 eine größere, quadratisch ausgelegte (68 x 68 Millimeter) Variante des Monoblock-Motors (mit fest montiertem Zylinderkopf) von Ingenieur Aurelio Lampredi darstellte. Als Nachfolger des 212 Inter ähnelte der 250 Europa stark dem gleichzeitig produzierten 375 America mit 4,5-Liter-Maschine. Der Dreiliter leistete mit drei Weber 36 L-Vergasern 220 PS. Das Modell bleibt aber nur kurz im Programm; von September 1953 bis Juli 1954 entstanden in Maranello nur 18 Exemplare. Hinter den Kulissen entwickelte Ferrari einen stärkeren GT, der es mit dem Mercedes-Benz 300 SL aufnehmen konnte.

Auf dem Pariser Salon im Herbst 1954 präsentierte man dann den ersten Ferrari mit dem Kürzel GT im Namen, den 250 GT Europa, dessen Bezeichnung sowohl auf den Vorgänger verwies als auch andeutete, dass die Technik fundamental aufgewertet worden war.

Zunächst einmal fiel das Fahrgestell vom Typ 508 kürzer aus, der Radstand schrumpfte von 2,80 auf 2,60 Meter. Die Konstruktion des Chassis entsprach im Übrigen weitgehend dem 250 Europa: zwei robuste Stahlrohre von ovalem Querschnitt, ergänzt durch kleinere Träger. Neu war aber die Vorderachse, wo Schraubenfedern die frühere Querblattfeder ersetzten.

Beim Motor konnte man die Rückkehr zu den ab 1947 von Ingenieur Colombo entworfenen „kurzen" Blöcken feststellen. Die Innenmaße dieses Motors blieben mit 73 Millimeter Bohrung und 58,8 Millimeter Hub bis 1964 unverändert. Je nach Verdichtung leistete der Dreiliter mit Einfachzündung und drei Weber-Fallstromvergasern Typ 36 DCL zwischen 230

und 280 PS bei 7000 Umdrehungen. Das auf dem Salon gezeigte Exemplar (Nr. 0357 GT) war das erste aus einer kleinen Serie von 35 Stück, die Pinin Farina einkleidete. 20 Chassis erhielten eine Berlinetta-Karosserie, ähnlich den Ausführungen auf Basis der 250 MM bzw. 375 MM, gewissermaßen als Vorläufer des 250 GT Competizione des Jahres 1956.
Diese 250 GT Competizione wurden nach Pinin Farina-Entwurf bei Scaglietti gebaut und besaßen neben einer leichten Aluminiumkarosserie vor allem den Motor Typ 128 mit einer Vielzahl von Neuerungen in den Bereichen Motorblock, Ölwanne, Laufbuchsen, Kurbelwelle, Nockenwellenantrieb, Zylinderkopf, Ventile und Nockenwellen. Ein knappes Dutzend von dieser Ausführung mit rundem Heck und großer Heckscheibe, wie am 250 GT, der auf dem Genfer Salon 1956 stand, wurde hergestellt. Hauptmerkmale dieser Variante waren die eckigen Heckkotflügel, das abfallende Dach und die 14 Schlitze in den B-Säulen. Ende 1956 brachte Scaglietti die ersten Änderungen an der recht erfolgreichen Berlinetta. Diese erste Version 1957 erhielt den Motor Typ 128 C, der mehr Leistung und Drehmoment entwickelte. Wie häufig bei den frühen Ferrari, unterscheiden sich die einzelnen Exemplare ein wenig voneinander. Im Laufe des Jahres 1957 erhielt die Berlinetta eine neue Karosserie, deren von Pinin Farina entworfene Linie auf sehr positive Resonanz stieß. Diese Variante von geduckter Silhouette besaß verkleidete Scheinwerfer und nur mehr drei Schlitze in jeder B-Säule. Die Oberkante der vorderen Kotflügel ging nahtlos in

Im Laufe ihres Lebens, das von 1954 bis 1959 währte, profitierte die 250 GT Berlinetta mit dem Beinamen lwb (also langer Radstand) von zahllosen Verbesserungen und zeigte sich überall in der Welt als äußerst erfolgreich.

Unten:

Ein Moment der Ruhe für den Belgier Olivier Gendebien in Montlhéry. Gendebien gewann die Tour de France 1958 am Steuer des 250 GT mit der Chassisnummer 1033GT.

Rechts:

Bei der Tour de France Automobile des Jahres 1957 muss Trintignant sich in Rouen Gendebien vom Leibe halten. Am Ende war die Reihenfolge dieser beiden Berlinetten, die sich optisch stark voneinander unterschieden, umgekehrt.

Datenblatt 250 GT

Motor V12, 60° Gabelwinkel
Hubraum 2953 ccm
Bohrung x Hub 73 x 58,8 mm
Leistung 260 PS bei 7000/min
Vergaser 3 Weber-Doppelfallstromvergaser 40 DCL 6
Getriebe 4 Gänge + RG
Chassis Stahlrohrrahmen
Vorderachse Doppeldreieckslenker, Schraubenfedern, Houdaille-Stoßdämpfer
Hinterachse starr, halbelliptische Blattfedern, Reaktionsarme, Houdaille-Stoßdämpfer
Reifen 6,50 x 16
Leergewicht 1060 kg
Fahrleistung 250 km/h Höchstgeschwindigkeit

Oben:

Am Steuer einer Version 1959 mit unverkleideten Scheinwerfern hielten die Belgier Jean Blaton alias „Beurlys" und Léon Dernier die Ferrari-Ehre in Le Mans hoch und wurden mit Chassisnummer 1321GT Sieger in der GT-Kategorie und Dritte im Gesamtklassement.

die Türoberkanten über, die Heckkotflügel waren dabei immer noch etwas abgesetzt. Ihrer sportiven Bestimmung entsprechend gab es bei der Mehrzahl dieser Wagen kein Handschuhfach. 1958 kamen weitere Modifikationen. Je nach Kundenwunsch erschien die Berlinetta mit oder ohne Stoßstangen sowie mit Leder- oder Kunstlederinterieur. Zugleich spendierte man dem 250 GT ein neues Getriebe samt Mittelschalthebel und eine neue ZF-Lenkung.

Nr. 1143 GT in Rot mit weißem Zierstreifen wurde zwar 1958 hergestellt und am 11. Februar 1959 in der Schweiz an Herrn Schild ausgeliefert, besaß aber die für die Version des Jahrgangs 1959 typischen unverkleideten Scheinwerfer. Dieses Auto, das wir hier zeigen, durchlief eine zwar kurze, aber durchaus erfolgreiche Rennkarriere und errang einen Sieg bei der Rallye Iseran/Mont-Blanc und einen vierten Platz bei der Rallye Lyon-Charbonnières 1959. Später erhielt 1143 GT den Motorblock Typ 128 LM aus dem Testa Rossa mit 260 PS und ein Renngetriebe.

Die sogenannte Interim-Berlinetta, die 1959 in Le Mans teilnahm, wies schon auf die 250 GT Berlinetta „swb" (short wheelbase, kurzer Radstand) voraus, die einige Monate später auf dem Pariser Salon ihr Debüt feierte, und beendete die Reihe der erfolgreichen 250 GT Competizione mit langem Radstand, die in insgesamt 66 Exemplaren entstand und oft auch Tour de France lwb (long wheelbase, langer Radstand) genannt wird, um an die Erfolge bei dem klassischen französischen Langstreckenrennen zu erinnern, wo die Berlinetta von 1956 bis 1958 der Konkurrenz keine Chance ließ und die Entscheidung um den Sieg jeweils eine strikt teaminterne Angelegenheit darstellte.

Testa Rossa

Ferrari 250 TR

Ehe die CSI für die Saison 1958 das Hubraumlimit für die Sport-Sportwagenklasse auf drei Liter festlegte, um dadurch der vorangegangenen Hubraum- und Leistungseskalation ein Ende zu machen, hatte Ferrari bereits ein Auto in der Erprobung, das dem neuen Reglement entsprach. Dadurch wurde Maranello in die Lage versetzt, der Konkurrenz in der Formel 1 und in der Sportwagenklasse Paroli bieten zu können, wo Maserati, Mercedes-Benz, Jaguar und Aston Martin den Ton angaben und das Cavallino Rampante arg zerzausten. Dessen Lage war seinerzeit durchaus auf der Kippe. Der Serienwagenbau hatte volumenmäßig noch nicht richtig Tritt gefasst und Maranello lebte zu einem guten Teil von den Siegprämien und dem Verkauf von Rennsportwagen. Daher waren Erfolge so wichtig…

Die Entwicklung des neuen Streitrosses für die Saison 1958 lag in den Händen des kompetenten Technikers Vittorio Jano, der als Berater fungierte, und eines Trios, das die altgedienten Vittorio Bellantani und Alberto Massimino sowie der junge Andrea Fraschetti bildeten. Bellantani und Massimino waren beileibe keine unbeschriebenen Blätter, hatten sie doch Ferrari schon bei der Entwicklung seines Erstlings, des Typs 815, im Jahre 1940 zur Seite gestanden.

Enzo Ferrari ließ für die Saison 1958 nichts außer Acht und war für die Zukunft insofern gut gerüstet. Nach De Portagos schrecklichem Unfall erreichte Olivier Gendebien bei der Mille Miglia 1957 einen sensationellen zweiten Platz auf einem 250 GT Competizione. Das bewies das hohe Leistungspotenzi-

0
10
20
30
40
50
60
70
JAEGER
GIRI x100
Ferrari
BENZINA

al, das noch in dem Dreiliter-Colombo-V12 schlummerte. Bald darauf erschienen zwei Dreiliter-Prototypen. Das erste Exemplar – Nr. 0666 – bestritt auf einem Chassis Typ 315 am 26. Mai 1957 die 1000 Kilometer auf dem Nürburgring. Lange Zeit auf dem vierten Platz liegend, hauchte der Wagen unter Masten Gregory schließlich sein Leben aus. Einen Monat später bewies in Le Mans der zweite Wagen – Nr. 0674 – unter Gendebien/Trintignant mit sechs Weber-Doppelvergasern 36 DCN und Änderungen an der Karosserie für eine bessere Kühlung der Scheibenbremsen die Richtigkeit des Konzeptes – obwohl er ausfiel. Bei den beiden letzten Rennen der Saison 1957 wurde weiter experimentiert, in Schweden am 11. August und in Venezuela am 3. November, wo die Dreiliterwagen unter von Trips/Seidel und Trintignant/Gendebien die Plätze 3 und 4 belegten.

Inzwischen war Fraschetti bei Testfahrten im Autodrom von Modena tödlich verunglückt, und Ferrari hatte die technische Leitung Carlo Chiti übertragen, einem 33-jährigen Ingenieur, der von Alfa Romeo gekommen war.
Die endgültige Version des 3-Liter-Sportwagens wurde am 22. November 1957 der Presse vorgestellt. Es handelte sich um einen Kundensportwagen, der vor allem für die USA, dem Hauptmarkt, gedacht war. Auch aus diesem Grund hatte Ferrari sich für den Motor mit einfacher oben liegender Nockenwelle entschieden, der leichter zu warten war als der Vierliter-V12 und die V6 mit doppelten Nockenwellen.
Vom berühmten V12 des 250 GT mit 2953 ccm abgeleitet, entwickelte der aus Leichtmetall bestehende „Colombo" die Kleinigkeit von 300 PS bei 7500 Umdrehungen. Die großen, V-förmig angeordneten Ventile und

12 Stunden von Sebring 1958: Olivier Gendebien und Luigi Musso, hier noch in Zivil, analysieren ihre Siegchancen für diesen zweiten Lauf der Sportwagen-WM. Am Ende werden sie Zweite hinter dem anderen Testa Rossa unter Collins/Hill.

Schon dem ab 1958 geltenden Reglement entsprechend, das den Hubraum bei den Sportwagen auf drei Liter beschränkte, erschien der 250 Testa Rossa bereits im Laufe der Saison 1957.

Ferrari

Oben:

24 Stunden von Le Mans 1958: Der Belgier Olivier Gendebien, der hier den ersten seiner vier Siege an der Sarthe herausfuhr, scheint von den Unbilden der Witterung wesentlich weniger beeinträchtigt als sein 250 Testa Rossa mit der Chassisnummer 0728, der einige Kampfspuren aufweist.

die Nockenwellen wurden über Kipphebel betätigt, die wiederum über Rollen auf die Nocken direkt einwirkten.
Dieser 250 Testa Rossa, Ferraris neue Sportwagenwaffe, erhielt eine DeDion-Hinterachse, Schraubenfedern, Houdaille-Stoßdämpfer und wiederum Trommelbremsen, obwohl die englische Konkurrenz bereits über leistungsfähigere Scheibenbremsen verfügte. Unter Massiminos Leitung hatte Scaglietti die hochmoderne Pontonkarosserie entwickelt, deren vordere Radausschnitte weit ausgeschnitten waren, um die Kühlung der Bremsen zu verbessern. In Abwesenheit der neuen Aston Martin gewann das Werksteam das Auftaktrennen in Buenos Aires mit den Piloten Collins/Hill und von Trips/Gendebien. Bei den 12 Stunden von Sebring zeigten sich erstmals zwei neue 250 TR, Nr. 0726 und 0728. Von der ersten Ausführung unterschieden sie sich durch ihre Linkslenkung und Modifikationen am Getriebe. Ferrari fuhr wieder einen Doppelsieg ein, Collins/Hill (Nr. 0704) gewannen vor Gendebien/Musso (Nr. 0726). Durch den folgenden Sieg bei der Targa Florio durch Musso/Gendebien und die dritten und vierten Plätze von Hawthorn/von Trips und Collins/Hill schwang sich Ferrari

Datenblatt 250 TR

Motor V12, 60° Gabelwinkel
Hubraum 2953 ccm
Bohrung x Hub 73 x 58,8 mm
Leistung 300 PS bei 7200/min
Vergaser 6 Weber-Doppelvergaser
Getriebe 4 Gänge + RG
Chassis Gitterrohrrahmen
Vorderachse Doppeldreieckslenker, Schraubenfedern, Hebelstoßdämpfer
Hinterachs DeDion-Achse, zwei Schubstreben, Querblattfeder, hydraulische Houdaille-Hebelstoßdämpfer
Reifen vorne/hinten 6,00 und 7.00 x 16
Leergewicht 850 kg

Rechte Seite:

Beim Training für Le Mans 1960 demonstriert Olivier Gendebien die Absurdität der neuen Regelung, die eine Windschutzscheibenhöhe von 25 Zentimetern vorschreibt. Im Rennen blieb der TR/60, Chassisnummer 0722, von der Pannenserie verschont, welche die TR von Hill/von Trips und Scarfiotti/P. Rodriguez heimsuchte, und sorgte für den vierten Ferrari-Sieg an der Sarthe.

zum ernsthaften Titelaspiranten auf. Doch Stirling Moss auf Aston Martin revanchierte sich auf der Nürburgring-Nordschleife, wo die 250 TR die Ränge 2, 3, 4 und 5 belegten und mit einer neuen, aerodynamisch günstigeren konventionellen Karosserie antraten. In gleicher Gestalt starteten auch die drei Werks-TR neben acht privaten Fahrzeugen in Le Mans. Dort legte Moss auf seinem Aston Martin DBR1 mit 4,07.30 Minuten die schnellste Runde hin, der flinkeste Ferrari TR unter Hawthorn schaffte 4,13. Da die Startpositionen nach den Trainingszeiten vergeben wurden, startete Moss aus der Pole. Nach zwei Stunden Führung gab sein Motor den Geist auf und von da an lieferte sich der schottische Jaguar D-Type von Hamilton/Bueb Duelle mit den 250 TR unter Hill und Hawthorn. Doch heftiger Regen sorgte für die Entscheidung. Hill und Gendebien erwiesen sich als Regenkönige und brachten ihre Nr. 0728 heil ins Ziel, während ringsherum sich zahllose Unfälle ereigneten. Mit diesem ersten Le Mans-Sieg seit 1954 gewann Ferrari zugleich den Konstrukteurstitel. Am letzten Rennen in Goodwood nahm die Scuderia denn auch gar nicht mehr teil. Nr. 0728 wurde am Ende des Jahres an Luigi Chinetti verkauft, der den Wagen an Pedro Rodriguez und später an George Reed weitergab. Noch später ging das Auto an Dick Merrit und zu guter Letzt fand es den Weg nach Frankreich, wo es sich noch heute bester Gesundheit erfreut. Der Testa Rossa blieb noch bis zum Ende der Saison 1962 in modifizierter Form in Gebrauch.

Experiment

Ferrari
330 TRI/LM

Samstag, 24. Februar 1962: Enzo Ferrari erläutert der internationalen Presse seine Pläne für die kommende Saison, die heiß umkämpft wie noch niemals zuvor verlaufen sollte. Gerüchte machten die Runde; die Presse war begierig zu erfahren, ob der interne Streit, der im Winter 1961 zum Abgang von acht Mitarbeitern, darunter Carlo Chiti, Giotto Bizzarrini und Romolo Tavoni, geführt hatte, die Scuderia entscheidend geschwächt und die Planungen auf den Kopf gestellt hatte.

Enzo Ferrari gab eine Antwort wie Peitschenknall. Einmal mehr setzte der Commendatore alle in Erstaunen. Selten zuvor standen so viele neue Rennwagen nebeneinander aufgereiht: Formel 1, Sportwagen, GTs, überall hatte Ferrari Neues zu bieten. Unter der Sonne der Emilia Romagna stand neben dem 156-F1, an dessen Titelgewinn erinnert werden sollte, ein neuer 250 GT Competizione als Nachfolger der Berlinetta. Bei den Sportwagen herrschte schierer Überfluss. Sechs Wochen vor Beginn der Saison präsentierte Ferrari vier völlig neue Modelle. Als die Abdeckplanen abgezogen wurden, bemerkte man, dass die äußerlich identischen Barchetten in ihrer Technik voneinander abwichen. Die Bataillone des Hauses reichten vom 196 SP mit Zweilitermotor über den 246, wo der neue V8 mit Lancia-Ursprung im Moment 2458 ccm groß war, bis zum 286 mit 2,8-Liter-V6.

Trotz dieser beeindruckenden Armada konnte Enzo Ferrari auf der traditionellen Pressekonferenz, die später am Tag in Modena

stattfand, seine Sorgen nicht gänzlich verbergen. Im Zentrum der Klagen stand wieder einmal das Reglement der Sportbehörde, zu dessen vorzüglichen Tugenden die Klarheit nicht unbedingt zählte.

Die CSI hatte beschlossen, die Markenweltmeisterschaft nicht mehr in der Sportwagen-, sondern in der GT-Klasse abzuhalten; dort durften nur pflichtgemäß homologierte und in mindestens 100 Exemplaren produzierte Wagen teilnehmen. Zugleich wurden die Vorschriften für die Sportwagenklasse wieder gelockert. Zwar galt weiterhin das Hubraumlimit von drei Litern, doch gab es nun mehr Freiheiten als zuvor. Diese Widersprüchlichkeiten riefen den „Automobile Club de l`Ouest", den Le Mans-Veranstalter, auf den Plan, der die Attraktivität seines Rennens keinesfalls gemindert sehen wollte. In Le Mans gab es neben der GT-Klasse auch eine sogenannte Prototypen-Klasse, an der, so stellte man es sich vor, von den alten Sportwagen abgeleitete, überarbeitete Modelle fahren sollten, die als Prototypen für zukünftige GT-Wagen dienten. Mehr als alles andere mag den Commendatore wohl die Kurzfristigkeit dieser Maßnahmen geärgert haben.

Nun, bei den Testfahrten in Le Mans im April dürfte der Ärger wohl einigem Optimismus

Der Leistungsexplosion in der Prototypenklasse Rechnung tragend, erfüllte der einzige gebaute 330 TRI/LM die Hoffnungen seiner Konstrukteure und gewann unter Gendebien/Hill die 24 Stunden von Le Mans 1962.

Platz gemacht haben. Durch Schneefall am Mont-Cenis aufgehalten, traf der Ferrari-Renntransporter erst am Sonntagmorgen ein – mit einer faustdicken Überraschung im Gepäck. Ferrari hatte der Versuchung nicht widerstehen können: außer dem grünen 250 GTO, der für den britischen Rennstall UDT-Laystall antrat, und der V8-Barchetta enthüllten die Ferrari-Techniker eine weitere, sehr große Barchetta mit riesigem Überrollbügel, gewaltiger Frontscheibe und großvolumigem Frontmotor. Bei diesem in nur wenigen Wochen von dem jungen Mauro Forghieri entwickelten Wagen handelte es sich um eine Mixtur bekannter Ingredienzien. Dieser 330 TRI/LM, in nur einem einzigen Exemplar eben für Le Mans gebaut, ruhte auf einem modifizierten 250 TR-Chassis aus der Saison 1961 (Nr. 0808) und besaß den vier Liter großen V12 aus dem 400 Super-America-Serienmodell. Diese Colombo-Maschine war 1960 in Serie gegangen und verfügte über eine oben liegende Nockenwelle je Zylinderbank und zwei Ventile pro Zylinder. Für Le Mans stattete man den Motor mit den Testa Rossa-Köpfen, Trockensumpfschmierung und sechs Weber-Doppelvergasern 42 DCN aus. Dank dieser Maßnahmen und einer auf 9,7:1 erhöhten Verdichtung lag die Leistung nunmehr bei 390 PS, die bei 7500 Touren anfielen.

Die im Windkanal erprobte Karosserie war bei Fantuzzi entstanden und präsentierte sich mit Überrollbügel hinter den Sitzen, der auch als Spoiler diente, verlängertem Radstand und Heckspoiler.

In Le Mans schien Ferrari ohnedies im Vorteil zu sein, denn die Italiener stellten mit 15 Fahrzeugen ein Viertel des Starterfeldes.

Mit seinem massigen Heck und den breiten Spurweiten zählt der 330 TRI/LM sicher nicht zu den elegantesten Ferrari-Modellen. Auf dem Scheidepunkt zweier Epochen stehend, besaß der Wagen einerseits Scheibenbremsen, andererseits aber noch Speichenräder.

Ferrari
GIRI x 100
VEGLIA
TERMOMETRO
ACQUA

Unten:

Le Mans 1963:
Begegnung zwischen dem 330 TRI/LM und dem neuen 250 P unter Mairesse/Surtees mit Mittelmotor.

Datenblatt 330 TRI/LM

Motor V12
Hubraum 3967 ccm
Bohrung x Hub 77 x 71 mm
Leistung 390 PS bei 7500/min
Vergaser 6 Weber-Doppelvergaser 42 DCN
Getriebe 5 Gänge + RG
Chassis Gitterrohrrahmen
Vorderachse Doppeldreieckslenker, Federbeine
Hinterachse Doppeldreieckslenker, Federbeine
Reifen vorne/hinten 5,50/7,00 x 15
Leergewicht 877 kg

Als letzter in Le Mans siegreicher Ferrari mit Frontmotor besaß der 330 TRI/LM einen Vierliter-V12 mit Trockensumpfschmierung, der 390 PS abgab.

Und gewiss würde der 330 TRI/LM die beste Waffe sein. Phil Hill (im Team mit Olivier Gendebien) stellte die Trainingsbestzeit auf; die Sache schien schon entschieden. Als dann aber in der ersten Runde des Rennens sich Graham Hill auf seinem Aston Martin-Prototyp genau vor den Boxen in Führung setzte, traute der neue Renndirektor Eugenio Dragoni seinen Augen kaum. Doch der Auftritt des Engländers währte nur kurz. Der Maserati 151 von Thompson/Kimberley übernahm kurzfristig die Spitze, aber das Duo Hill/Gendebien setzte sich immer besser in Szene. Die Brüder Rodriguez als halbwüchsige Publikumslieblinge im 246 SP-Prototyp können die Könige von Le Mans lange Zeit in Schach halten. Doch als die Mexikaner in der Nacht ausfallen, kann der 330 TRI/LM das Tempo verringern. Zum Glück erst am Morgen berichtet Hill von beginnenden Getriebeproblemen. Das Ende des Rennens nimmt dann tragikomische Züge an. Jean Guichet und Pierre Noblet, die am Steuer ihres 250 GTO ein brillantes Rennen bestritten hatten, erhalten Order, langsamer zu fahren, damit man den 330 TRI/LM nicht zur Reparatur an die Boxen beordern muss. Doch durch die zurückhaltendere Fahrt beginnen die Zündkerzen zu verölen und der Motor stottert mehr und mehr. Dennoch überquerten Hill und Gendebien schließlich die Ziellinie als Sieger und bewiesen damit, dass sie dieses Monster zu zähmen imstande waren. Auf dem Podium antwortete der Belgier auf die Frage des bekannten Fernsehreporters Roger Couderc, wie er sich als neuer Le Mans-Rekordsieger fühle: „Wie ein Mann, der gerade sein letztes Rennen gefahren ist!" Während Olivier Gendebien so seinen Rücktritt vom Rennsport verkündete, war der 330 TRI/LM der letzte Frontmotor-Ferrari, der die 24 Stunden von Le Mans gewann und damit ein ruhmreiches Kapitel der Ferrari-Geschichte beschloss. Nach dem Rennen in Le Mans wurde der Wagen an Luigi Chinetti verkauft und tauchte bei den 12 Stunden von Sebring 1963 wieder auf. Unter Weltmeister Phil Hill und Pedro Rodriguez nahm es die alte Dame mit den neuen 250 P auf; nach langer Führung fiel der Wagen mit Problemen an Ölpumpe und Scheinwerfern zurück und wurde am Ende Dritter. Nr. 0808 beendete ihre Laufbahn 1963 in Le Mans, wo Pedro Rodriguez in der Arnage ausrutschte. Heute steht das Auto in einer der schönsten Ferrari-Sammlungen der Welt.

Aerodinamico

Ferrari 400 SA

Von Beginn an ging der Großteil der Ferrari-Produktion in die USA. Für die Amerikaner hatte der Commendatore stets etwas Besonderes im Programm, üblicherweise mit mehr Hubraum, mehr Leistung und mehr Luxus. In dieser Tradition stand auch der Ferrari 400 Superamerica. Als Nachfolger des 410 war der 400 SA technisch eher mit dem 250 GT verwandt. Das Modell 400 Superamerica feierte sein offizielles Debüt auf dem Brüsseler Salon im Januar 1960. Dort stand ein zweisitziges Cabriolet von Pinin Farina, das formal an das 250 GT Cabriolet aus dem Jahre 1957 erinnerte. Um aber die endgültige Gestalt des 400 SA kennenzulernen, mussten die Fans bis zum Turiner Salon im November 1960 warten; dort zeigte Ferrari den Prototyp Superfast 2 (Fahrgestellnummer 2207 SA), der bereits mit den flüssigen, aerodynamischen Linien des späteren 400 SA aufwartete. Es scheint, dass erst die Versuche im Windkanal dem Coupé seine typische Seitenansicht verliehen. Die völlig neue Linie ließ keinen Betrachter kalt. Die Eleganz des Entwurfes beruhte hauptsächlich auf der Form des Daches, das sanft zum Heck hin abfiel – ein neues Designelement, wie es bald darauf auch der Porsche 911 besitzen sollte.

Der Superfast 2 wurde im Januar 1961 wiederum in Brüssel gezeigt, mit leichten Retuschen, wie einer Lufthutze auf der Motorhaube, Ausstellfenstern in den Türen und dem Entfall der hinteren Radverkleidungen. Die Serienfertigung konnte beginnen; in zwei Jahren wurden 14 Exemplare hergestellt.

In technischer Hinsicht markierte der 400 SA die Abkehr von dem großen, 1950 von Aurelio Lampredi für den 375 F1-Monoposto konzipierten 4,9-Liter-V12. Sein Nachfolger, der Vier-

Der extravagante, von Pinin Farina gestylte 400 Superamerica bot eine kaum glaubliche Kombination aus Kraft und Luxus. Nur 14 nach Kundenwunsch gestaltete Exemplare entstanden von Anfang 1961 bis Ende 1962.

liter-V12, Abkömmling des von Gioacchino Colombo entworfenen Anderthalbliters, konnte mit seinen kompakteren Abmessungen, dem abnehmbaren Zylinderkopf und nur einer oben liegenden Nockenwelle je Zylinderbank die Verwandtschaft zum 250 GT-Motor nicht verleugnen. Um die Maschine auf 3967 ccm zu bringen, erhöhte man die Bohrung von 73 auf 77 Millimeter und eine neue Kurbelwelle verlängerte den Hub von 58,8 auf 71 Millimeter. Der überquadratische Zwölfzylinder besaß natürlich auch die jüngsten Errungenschaften des Dreiliters: auf die Auslassseite verlegte Zündkerzen und übliche Ventilfedern.

Zum ersten Mal stand beim 400 SA die Modellbezeichnung nicht mehr für den Inhalt eines einzelnen Zylinders, sondern als Kürzel für den Gesamthubraum. Die Gemischaufbereitung besorgten drei 40-mm-Doppelvergaser von Weber oder Solex, je nach aktueller Verfügbarkeit oder der Laune des Commendatore. Solchermaßen ausgerüstet stand der 400 SA mit 340 PS bei 7000 Touren im Katalog. Doch auf der Prüfbank kamen die Motoren zu keiner Zeit über 298 PS hinaus! Wie beim 250 GT war das Vierganggetriebe auch mit elektrisch zuschaltbarem Overdrive lieferbar, und an die Stelle der Mehrscheibenkupplung des 410 trat ein Einscheibenaggregat von Fichtel & Sachs.

Auch das Fahrwerk profitierte von den Erfahrungen mit dem 250 GT. Nicht nur beschränkte sich der Radstand auf eine Dimension von 2,42 Metern, es fanden sich auch an der Vorderachse die Doppel-Dreieckslenker mit Koni-Stoßdämpfern und Schraubenfedern wieder. Hinten wurde die Starrachse durch zwei Schraubenfedern und zwei parallele Blattfedern gebändigt, ein Ensemble, das durch Schub- und Zugstreben komplettiert wurde. Und endlich gab es anstelle der Trommelbremsen Scheiben von Dunlop. Das erste dieser vierzehn Aerodinamica-Coupés stand im März 1961 auf dem Genfer Salon (Nr. 2373 SA) und wurde dann an Jaime Ortiz-Patio geliefert, den Zinnkönig von Peru. Die übrigen Exemplare, die im neuen Pinin Farina-Werk in Grugliasco in etwa zweimonatigem Rhythmus gebaut wurden, fielen, je nach Kundenwunsch, im Detail etwas unterschiedlich aus. Jeder 400 SA hat seine Besonderheiten. Unser Fotomodell, Nr. 3221 SA, das neunte Exemplar, wurde von einem Herrn Charpentier bestellt, einem französischen Pralinenfabrikanten. Es kam im März 1962 mit Weber-Vergasern, Overdrive, verkleideten Scheinwerfern, grauem Connolly-Leder und weißem Lack zur Auslieferung; Ende der sechziger Jahre erhielt der Wagen dann die weinrote Farbe. In dieser Form haben wir den einzigen in Frankreich existierenden 400 SA Aerodinamica angetroffen.

Datenblatt
400 Superamerica

Motor V12
Hubraum 3967 ccm
Bohrung x Hub 77 x 71 mm
Leistung 340 PS bei 7000/min
Vergaser 3 Weber-Doppelvergaser 40 DCN
Getriebe 4 Gänge + Overdrive
Chassis Stahlrohrrahmen
Vorderachse Doppeldreieckslenker, Schraubenfedern, Teleskopstoßdämpfer
Hinterachse starr, Blattfedern, Schraubenfedern, Teleskopstoßdämpfer
Reifen vorne/hinten 5,50/7,00 x 15
Leergewicht 1650 kg
Fahrleistung 250 km/h Höchstgeschwindigkeit

Linke Seite:

Variationen zum Thema:
der 500 Superfast, der dem 400 SA 1964 nachfolgte, und das sechste und letzte 410 SA Cabriolet (Chassis 3309SA) aus dem Jahre 1962.

« Passo Corto »

Ferrari 250 GT Berlinetta

Welches ist der meist bewunderte Ferrari GT? Ohne zu zögern beantworten die Liebhaber diese Frage, indem sie die 250 GT Berlinetta nennen, die im Herbst 1959 dem 250 GT mit langem Radstand nachfolgte. Dieses Meisterwerk an Eleganz und Harmonie entstand aus der, zwischen Juni und September 1959, sieben Mal bei Scaglietti nach Pinin Farina-Entwurf gebauten Interim-Berlinetta. Nr. 1539 GT, erstmals auf dem Pariser Salon 1959 gezeigt, übte eine unwiderstehliche Anziehungskraft aus. Mit einem Radstand von 2,40 Metern kompakter als zuvor besaß die neue Berlinetta harmonische Proportionen und muskulöse Hüften. Die fehlenden 24 Zentimeter Länge wurden teils dem Motorraum, teils der Partie zwischen Tür und Hinterachse entnommen. Im Unterschied zur Interim-Berlinetta waren die kleinen Scheiben vor den B-Säulen verschwunden. Fahrwerksmäßig blieb die neue Berlinetta mit ihrem Stahlrohrrahmen ihren Vorgängern treu. Manche Rohre fielen zur Erhöhung der Karosseriesteifigkeit dicker aus als zuvor, doch Spurweiten und Aufhängungen blieben unverändert, die Hinterachse war immer noch starr und wurde von zwei Blattfedern und vier Streben geführt. Die Federn waren straffer ausgelegt und es fanden sich nun Koni-Stoßdämpfer. Eine Überraschung: zum ersten Mal wurde ein Ferrari mit Scheibenbremsen verkauft.

Motorseitig war wohl niemand sonderlich verwundert, dass die Berlinetta den V12 Typ 128DF erhielt, mit dem die beiden Interim-Modelle in Le Mans an den Start gegangen waren. Wie stets in Maranello, nutzten auch in diesem Fall die Motorenentwickler das Debüt des neuen Modells, um Leistung und Zuverlässigkeit des Aggregates zu optimieren. Der Motor erhielt in diesem Fall verbesserte Ventilfedern und geänderte Brennräume mit nach außen verlegten Zündkerzen, die nun zwischen den Auspuffkrümmern saßen. Freilich trugen auch die

einzelnen Exemplare dem rasch voranschreitenden Fortschritt Rechnung und wiesen in vielen Details Unterschiede auf: an Vergasern, Ventilen, der Verdichtung, den Kolben und (leichteren) Pleueln, den Nockenwellen usf. Auch das Vierganggetriebe zeigte im Vergleich zur Rennversion Unterschiede. Denn während die ersten Exemplare von Ende 1959 noch ein leichtes, dem Rennzweck angemessenes Aluminiumgehäuse besessen hatten, war das Anfang 1960 keineswegs mehr so. Zu diesem Zeitpunkt standen drei Versionen der Berlinetta im Prospekt: eine Straßenvariante namens Lusso, mit Stahlkarosserie und einem 230 PS leistenden Motor; eine Competizione-Ausführung mit Alu-Karosserie und 265 bis 270 PS; schließlich der Competizione Speciale mit noch leichterer Aluhülle und über 280 PS. Auch in der Folgezeit entwickelte sich der 250 GT „swb" stetig weiter. Die bis Mai 1960 produzierten Autos hatten an vorderen und hinteren Kotflügeln Entlüftungsschlitze, seitliche Blinker und eine Aussparung für das Nummernschild am Heck; von Mai bis August verfügten sie nur noch über einen einzelnen Entlüftungsschlitz am oberen Rand der Heckscheibe. Ab August wanderte der Schlitz an den äußersten Rand des Daches und die Seitenscheiben erhielten Ausstellfenster. Die Lusso-Modelle verfügten über ein reicher ausgestattetes Interieur mit lederbezogenen Sitzen und Armaturenbrett, Teppichen und besserer Wärmeisolierung.

Trotz zahlreicher Erfolge bei einer Vielzahl von Rennen, bei Langstreckenfahrten, Sprintrennen, Rallyes und Rundstreckenveranstaltungen, sah sich Ferrari genötigt, seine Berlinetta weiter zu verbessern. Eine überarbei-

In ihrem originalen Himmelblau erlaubte es Chassisnummer 2787GT – eine Berlinetta Comp/61 – dem Newcomer Henri Oreiller, in der französischen Sportwagenmeisterschaft der Saison 1961 eine gute Figur abzugeben.

Ein Meisterwerk an kraftstrotzender Dynamik: von der 250 GT Berlinetta gab es drei Versionen, eine mit Stahlkarosserie und zwei Competizione-Varianten.

tete Berlinetta Typ 1961, wieder von Pininfarina – jetzt in einem Wort geschrieben – gestaltet und bei Scaglietti gebaut, erblickte das Licht der Welt. Erkennbar war dieser Wagen an dem kantiger gestalteten Fensterausschnitt, der bauchigeren Linie der vorderen und hinteren Kotflügel, der größeren Heckscheibe und dem nach links verlegten Tankstutzen am Heck.

Um dem Aston Martin DB 4 GT mit Zagato-Karosserie etwas entgegensetzen zu können, entwickelte Ferrari eine Version namens 168 Comp/61. Deren Kennzeichen war ein sehr geringes Gewicht, das man durch die Verwendung einer extraleichten Alukarosserie, von Leichtbau-Fahrwerksteilen und einen extrem abgemagerten Innenraum erreichte. Diese von Februar bis Juli 1961 produzierten Sondermodelle besaßen den Motor Typ 168 Comp/61 mit schärferen Nockenwellen, Testa Rossa-Köpfen mit größeren Ventilen und 46er statt 40er-Vergasern, gut für über 280 PS. Leider machten diese Änderungen das Auto allzu prätentiös und bei hohen Geschwindigkeiten nur schwer zu beherrschen. Das Aerodynamikproblem wurde dann mit dem 250 GTO angegangen, der 1962 erschien, während der Lusso noch bis 1963 in Produktion blieb.

Um die Geschichte der 250 GT Berlinetta Competizione zu illustrieren, haben wir drei Exemplare herangezogen. Das rote Exemplar auf Seite 66 ist das zweite gebaute Exemplar des 250 GT swb aus dem Jahr 1959, Chassisnummer 1613 GT. Mit dem Exemplar des Pariser Salons baugleich, wurde der ursprünglich weiße Wagen auf dem Turiner Salon des gleichen Jahres gezeigt und dann, am 23. Februar 1960, an Jean da Silva Marques Pinto in Angola verkauft. 1961 gelangte es in die Hände von J. Correja de Oliveira, der 1961/62 einige Rennen in Angola bestritt. Dann kam der Wagen nach

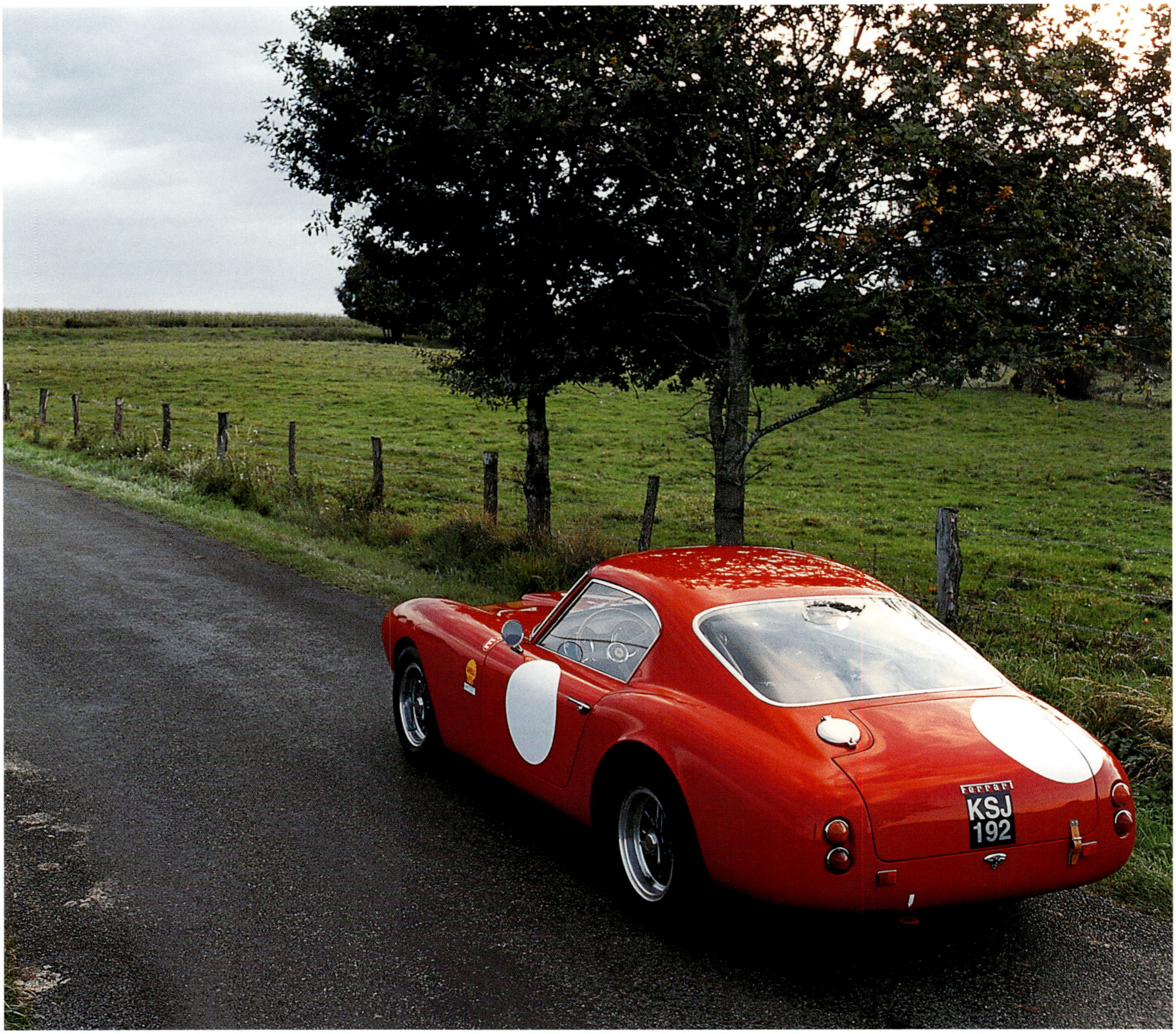

Datenblatt
250 GT Berlinetta

Motor V12, 60° Gabelwinkel
Hubraum 2953 ccm
Bohrung x Hub 73 x 58,8 mm
Leistung 280 PS bei 7500/min
Vergaser 3 x Weber 36/40 DCL
Getriebe 4 Gänge + RG
Chassis Stahlrohrrahmen
Vorderachs Doppeldreieckslenker, Schraubenfedern, hydraulische Teleskopstoßdämpfer
Hinterachse starr, halbelliptische Blattfedern, Schraubenfedern, hydraulische Teleskopstoßdämpfer
Reifen 6,00 x 16
Leergewicht 1100 kg
Fahrleistung 240 km/h Höchstgeschwindigkeit

Europa zurück, wo der derzeitige Besitzer mit schönem Erfolg an historischen Rennen teilnimmt.
Der zweite rote Wagen mit Fahrgestellnummer 2439 GT (auf Seite 67 zu sehen) war ursprünglich ebenfalls weiß und ging am 16. Mai 1961 an G. Andersson nach Schweden. Es ist das vierte Exemplar der Version Comp/61 und eines von insgesamt 21 vom Werk präparierten Sondermodellen, die oft auf die Bezeichnung SEFAC hören, nach dem neuen offiziellen Namen von Ferraris Firma.

Bei dem azurblauen Wagen, Chassisnummer 2787 GT, handelt es sich um einen der geschichtsträchtigsten Comp/61, denn sein Erstbesitzer war der leider verstorbene Henri Oreiller. Der französische Hoffnungsträger und Nachwuchsfahrer erhielt 2787 GT kurz vor dem Mont Dore-Rennen, bei dem er die GT-Klasse gewann. Am 14. September stand Oreiller mit seinem Beifahrer Masoero in Nizza am Start der Tour de France für Automobile. Im Schatten des Gefechtes zwischen Mairesse und Gendebien hielt sich Oreiller ausgezeichnet, bis ihn bei der Nachtetappe auf dem Rundkurs von Reims ein Achsschaden aus dem Rennen warf. Für das Pech revanchierte sich Oreiller mit seinem Sieg bei den Coupes de Paris in Montlhéry. 1962 nahm Oreiller an einigen Rallyes und Bergrennen teil und gewann dabei jedes Mal die GT-Klasse. Einige Wochen nach einem Einsatz in Schlessers GTO bei der Tour 1962 starb Henri Oreiller bei den Coupes du Salon, als er mit seinem GTO in den Kontrollturm in Montlhéry raste. Heute ist die blaue Berlinetta Teil einer der berühmtesten Ferrari-Sammlungen Frankreichs.

In zahlreichen Details
unterscheidet sich Chassis 1613GT, die zweite gebaute Berlinetta (S.66) von der Berlinetta Competizione 1961, Chassis 2439GT.

149
68955 - MO

Diese Aufnahme vom Start der Nachtetappe in Reims im Rahmen der Tour de France 1961 belegt die Überlegenheit der 250 GT Berlinetta in jenem Jahr. Im Vordergrund der nachmalige Gewinner der Tour, Willy Mairesse, am Steuer von Chassisnummer 2937GT, daneben Olivier Gendebien mit Nummer 2819GT und Henri Oreiller in der Berlinetta Nr. 2787GT mit Stoßstangen. Mairesse gewann die Etappe in der Champagne vor seinem Rivalen Gendebien, der Franzose hingegen schied mit Achsschaden aus.

VEGLIA
Ferrari
Km/h
OLIO
ACQUA
BENZINA

Open Air

Ferrari 250 GT Spyder California

Es war kein Zufall, dass Filmproduzent Roger Vadim Anfang der sechziger Jahre seinem Star Brigitte Bardot gerade einen 250 GT Spyder California verehrte. Dieses Modell ist vielleicht das begehrenswerteste unter allen Straßen-Ferrari. Der „California swb" verdankt diesen Grad an Begehrlichkeit zum Einen seinen raubtierhaften, aggressiven, bei Scaglietti geformten Linien, zum Anderen seiner bequemen Ausstattung mit Kurbelfenstern und natürlich seiner rassigen Rennsporttechnik. Diese Mischung war einzigartig. Zur Entwicklung des California gab offenbar Luigi Chinetti, der rührige US-Importeur, den Anstoß; schon der Name ließ einen an sonnendurchflutete Landschaften denken. Die Wurzeln des California reichen bis in das Jahr 1957 zurück. Damals erschien die 250 GT Berlinetta mit 2,60 Metern Radstand, die das Modellprogramm mit ihren in die Kotflügel eingelassenen und plexiglasverkleideten Scheinwerfern und mit den die Horizontale betonenden hinteren Kotflügeln an purer Sportlichkeit krönte. Die ersten California stammten direkt von diesen, zu Ehren ihrer Erfolge bei dem gleichnamigen Rennen heute oft „Tour de France" genannten Berlinetten ab: sie waren nicht mehr und nicht weniger als TdF-Berlinetten ohne Dach. Die ebenfalls bei Scaglietti gefertigten Spyder standen ergänzend neben Pinin Farinas elegantem 250 Gran Turismo Cabriolet im Programm. Anders als dieses machten sie jedoch die technischen Änderungen der Competizione-Berlinetten mit. Der California, der sich den Ferrari-Stand auf dem Pariser Salon 1959 mit der neuen 250 GT

Berlinetta swb teilte, verfügte folglich ebenfalls über neue Zylinderköpfe, Teleskopstoßdämpfer und Scheibenbremsen anstelle der Trommeln. Weitere Modifikationen ließen nicht auf sich warten. Auch der California erhielt den Motor Typ 128F mit außen liegenden Zündkerzen und überarbeiteten Ventilfedern. Doch das beste sollte noch kommen…

Anfang 1960 erhielt der California nicht nur den kurzen Radstand der neuen Berlinetta, sondern auch deren komplette Technik. Obwohl die ästhetischen Neuerungen geringfügig erschienen, zeigte der California doch ein völlig neues Gesicht: kompakter und aggressiver verströmte der Spyder viel mehr Sportlichkeit. Der Motor wurde tiefer ins Chassis eingesenkt und das Verdeck versank in einem tieferen Schacht. Die California waren, je nach Verfügbarkeit, mit Motoren der Typen 128 oder 169 ausgestattet. Auf dem Papier lag damit die Leistung zwischen 240 und 280 PS. 1960 wurden bei Scaglietti lediglich neun Exemplare gefertigt; das lag daran, dass die Firma mit der Produktion der erfolgreichen Berlinetta praktisch vollständig ausgelastet war. Das Interieur des California wirkte, trotz der recht einfachen Ausstattung, doch luxuriöser als es bei den Versionen mit langem Radstand der Fall gewesen war. Das Armaturenbrett war lederbespannt, der Boden bei den neuen Versionen mit Wollteppichen und nicht mehr mit Gummimatten belegt.

Von März 1960 bis Februar 1963 verließen nur etwa 50 California-Chassis die Werkshallen in

Chassisnummer 2383GT – einer von drei Spyder California mit Competizione-Spezifikation – ist hier mit dem mitgelieferten Hardtop zu sehen und sicherlich das attraktivste der 55 gebauten Exemplare.

Links:

Als Urahn des Spyder California kann das Pinin Farina-Cabriolet gelten, das auf dem Pariser Salon 1957 ausgestellt war, in manchen Details aber noch nicht der späteren Serie entsprach.

Datenblatt 250 GT Spyder California

Motor V12, 60° Gabelwinkel
Hubraum 2953 ccm
Bohrung x Hub 73 x 58,8 mm
Leistung 280 PS bei 7000/min
Vergaser 3 Weber-Fallstromvergaser 40 DCL
Getriebe 4 Gänge + RG
Chassis Stahlrohrrahmen
Vorderachse Doppeldreieckslenker, Schraubenfedern, Stabilisator
Hinterachse starr, halbelliptische Blattfedern, Schraubenfedern, Stabilisator
Reifen 6,00 x 16
Leergewicht 1050 kg
Fahrleistung 240 km/h Höchstgeschwindigkeit

Rechte Seite:

Obwohl der Spyder California für den zivilen Einsatz gedacht war, trat 1960 ein Exemplar in Le Mans an. 2015GT startete unter Sturgis/Schlesser für das NART-Team, schied aber mit Motorschaden aus.

Maranello. Kein Exemplar gleicht dem anderen. Nicht nur nahm der California an den ständigen Weiterentwicklungen der 250 GT Berlinetta teil, auch die Wünsche der anspruchsvollen Kundschaft wurden jeweils berücksichtigt. Der hier gezeigte kurze California – Chassis-Nummer 2383 GT –, den wir aus seinem englischen Versteck gelockt haben, illustriert das sehr deutlich. Wie die Mehrzahl der damaligen Serien-Ferrari ist er nicht rot lackiert; darüber hinaus ist 2383 GT einer von nur drei California mit Competizione-Spezifikation. Der erste von diesen Dreien – Nr. 2015 GT – wurde für die 24 Stunden von Le Mans 1960 gebaut und besaß eine Aluminiumkarosserie, einen größeren Tankstutzen, einen 120-Liter-Tank und einen Competizione-Motor: Kopf, Nockenwellen und Ventile vom Testa Rossa, leichtere Pleuel, kombiniert mit einem Spezialauspuff und einer für die lange Hunaudières-Gerade geeigneten Achsübersetzung. Von seinem amerikanischen Besitzer Bill Sturgis und dem Franzosen Jo Schlesser pilotiert, sah der weiße California allerdings nicht die Zielflagge, da der Motor zwei Stunden vor dem Rennende seinen Geist aufgab. Nr. 2383 GT wurde vom deutschen Importeur Auto Becker geordert und am 24. April 1961 mit Hardtop an einen Herrn Lautenschlager ausgeliefert. Im gleichen Jahr nahm der Wagen an einigen Bergrennen teil und fand schließlich Anfang der siebziger Jahre den Weg in die Vereinigten Staaten. Erst kurz vor der Jahrtausendwende gelangte er nach Europa zurück, wo ihn der neue Besitzer mit einer prächtigen dunkelgrauen Lackierung versah. Der dritte California Competizione, Nr. 2987 GT, verbrachte eine ruhige Existenz und lief nur auf der Straße.

Omologato

Ferrari
250 GTO

Als Enzo Ferrari am 24. Februar 1962 im Hof seiner Fabrik der Presse seine neuen Sportmodelle vorstellte, stand dort auch der Nachfolger der 250 GT Berlinetta, der Ferraris Überlegenheit in der GT-Klasse weiter aufrecht erhalten sollte: der 250 GTO (Gran Turismo Omologato). Um startberechtigt zu sein, mussten laut damaligem Regelwerk mindestens hundert Exemplare eines Modells gebaut sein. Doch wie allgemein bekannt, umging Ferrari im Falle des GTO dieses Hindernis. Statt der geforderten 100 Exemplare, wurden vom GTO mit Dreilitermaschine lediglich 36 Stück hergestellt. Doch da der GTO den Behörden als Weiterentwicklung der 250 GT Berlinetta verkauft wurde, profitierte er von einer „erweiterten" Homologation. Freilich hatte Ferraris neue Wunderwaffe weniger mit einem klassischen GT gemein als mit einem veritablen Rennsportwagen. Die Konkurrenz verlor wenig Zeit und drängte sich ebenso in diese offensichtliche Reglementslücke hinein, was indes die Verdienste des 250 GTO in keiner Weise schmälerte. Von Anfang an waren die Resultate derart gut, dass Privatfahrer wie Profipiloten sich um den Wagen rissen. Ferrari nahm sich die Freiheit, nur die erfahrensten Fahrer mit dem Wagen auszustatten, da man den GTO nicht in jedermanns Hand geben wollte. Denn die Erfahrung lehrte rasch: der 250 GTO war ein Monstrum, das dem Piloten alles abverlangte. Gut präpariert, stellte er sogar eine Bedrohung für die werkseigenen Prototypen dar. Was machte den GTO nur zu solch einem Sieganwärter?

Der 250 GTO war das Werk Giotto Bizzarrinis, der zuvor schon mit einigen 250 GT herumexperimentiert hatte. Auf unverändertem Radstand von 2,40 Metern heilte der GTO

Ferrari
GIRI x 100
VEGLIA
BENZINA
ACQUA
OLIO
L/H VENT

Die Linie des 250 GT Competizione aerodynamisch verbessernd, erlaubte es der 250 GT Ferrari, dreimal in Folge die Markenweltmeisterschaft zu gewinnen, nämlich in den Jahren 1962 bis 1964.

viele Malaisen, die den 250 GT geplagt hatten. Er war länger und flacher und außergewöhnlich harmonisch gestaltet. Das Chassis, Typ 539/62 Comp, wurde umgestaltet, um den Motor tiefer einbauen zu können, was wiederum eine flachere Front ermöglichte. Bei der Hinterachse bediente sich Bizzarrini einer einfallsreichen Zwitterlösung, die ihm das Reglement auferlegte. Eigentlich wollte der Ingenieur die Blattfedern des 250 GT durch flexibler reagierende Schraubenfedern ersetzen; das wäre aber bei der Homologation auf keinen Fall durchgegangen. Daher blieben die Blattfedern, und die Schraubenfedern, die die Stoßdämpfer umschlossen, wurden als „Ausgleichsfedern" ausgegeben. Ebenso besaß die Hinterachse ein Wattgestänge, das sich auf das Differenzialgehäuse stützte.

Als Ableitung des 250 GT verfügte der GTO, wie der 250 Testa Rossa, über den Dreiliter-V12 mit sechs Weber-Doppelvergasern 38 DCN, die durch 12 senkrechte Ansaugtrichter atmeten. Mit einer Trockensumpfschmierung ausgestattet, leistete dieses Triebwerk 300 PS bei 7700 Umdrehungen und gab ein Drehmoment von 40 mkg bei knapp 7000 Touren ab. Dieses feine Stück Technik wurde ergänzt durch ein Fünfganggetriebe, das über einen Chromschalthebel bedient wurde. Das Interieur eines GTO funktional zu nennen, ist schiere Untertreibung. Der Begriff „spartanisch" kommt der Sache schon näher. Gut sichtbar vor dem Fahrer befinden sich die Instrumente, und sogleich bemerkt man, dass ein Tachometer fehlt. Die Instrumentenbestückung

Die GTO-spezifische Instrumentierung gruppierte fünf Anzeigen um den beherrschenden Drehzahlmesser herum, der bis 10.000 Umdrehungen reichte.

entspricht der im Rennsport üblichen: Öl- und Wassertemperatur, Benzindruck, Öldruck und Benzinstand werden, um den imposanten Drehzahlmesser herum, angezeigt.

Der 250 GTO brauchte nicht lange, um seine Qualitäten zu demonstrieren. Auf den Tag genau einen Monat nach seiner offiziellen Vorstellung fuhr das zweite Exemplar (Nr. 3387 GT) bei den 12 Stunden von Sebring 1962 gleich auf den zweiten Platz. Selbst die erfahrenen Phil Hill und Olivier Gendebien, die bei Ferrari vorübergehend in Ungnade gefallen waren, da sie lieber einen GT als einen Prototypen bewegt hätten, konnten ihm nicht folgen. 3387 GT verfügte in Sebring über das umgestaltete Hinterteil, das Willy Mairesse Anfang März 1962 getestet hatte und das Chassisnummer 3223 GT auf der Pressekonferenz noch nicht aufwies.

Unser auf dem blühenden englischen Land abgelichtetes Fotomodell ist Nr. 4293 GT, der 26. 250 GTO. Dieser Wagen hat eine sehr reiche Geschichte. Er besitzt die Standardkarosserie mit großem Kühlergrill, halb versenkten Blinkern und runden Einlässen für die Kühlluft der Vorderbremsen sowie den integrierten Heckspoiler.

4293 GT sollte eigentlich an die Scuderia San Ambroeus in Mailand gehen, die den Wagen aber nicht abnahm. Statt dessen ging er im April 1963 nach Belgien an Jacques Swaters, den Chef der Garage Francorchamps und des gleichnamigen Rennstalls. Am 12. Mai 1963 fuhr 4293 GT sein erstes Rennen, die 500 Kilometer von Spa-Francorchamps, die zur Marken-WM zählten. Auf dem hüge-

Vor dem wohlverdienten Ruhestand gewann Chassisnummer 4293GT unter der belgischen Equipe „Beurlys"/Langlois 1963 die GT-Klasse in Le Mans.

ligen und schnellen Ardennenkurs nutzte Willy Mairesse, der hier ein Heimspiel hatte, sein meisterliches Können und hielt die übrigen GTO von Jo Siffert und Pierre Noblet bis zum Ziel in Schach, das er als Erster durchquerte. Einen Monat später stand der Wagen in Le Mans stolz am Start. In den Händen der Gentlemanfahrer Jean Blaton (alias Beurlys) und Gerard Langlois von Ophem, einem Le Mans-Neuling, fuhr der Wagen die sechstbeste Trainingszeit heraus. Im Rennen fiel der GTO mit Zündungsproblemen zunächst zurück, profitierte dann aber von den vielen Prototypenausfällen und arbeitete sich kontinuierlich nach vorne. Als sie auf dem dritten Rang in der Gesamtwertung lagen, befielen das Schwesterauto der Ecurie Francorchamps unter Dumay und „Elde" plötzlich Bremsprobleme, die sie den zweiten Platz kosteten. Swaters fürchtete, dass es Blaton und Langlois van Orphem ebenso ergehen könnte und pfiff sie zurück. Nach Ende des Rennens machte sich 4293 GT am Sonntag auf den Heimweg. „Wir hielten in Rambouillet, um zu essen", erzählt Jacques Swaters. „Während der Pause kam ich auf die Idee, dass wir unseren Sieg in der GT-Klasse in einem Pariser Nachtclub feiern könnten. Also sind wir mit dem GTO losgefahren. Wir haben ihn auf der Straße geparkt und feierten die Nacht durch – unsere vierte Nacht hintereinander ohne Schlaf. Am Donnerstagmorgen kamen wir schließlich mit dem GTO in Brüssel an". Gerade Zeit genug, um ein Bad zu nehmen, den GTO zu checken und 4293 GT dann am Sonntag in Zolder an

Meisterstück:
der Dreiliter-V12, überwölbt von sechs Weber-Doppelvergasern, besaß viele Merkmale der Maschine des 250 TR und leistete 300 PS bei 7500 Umdrehungen.

Datenblatt 250 GTO

Motor V12, 60° Gabelwinkel
Hubraum 2953 ccm
Bohrung x Hub 73 x 58,8 mm
Leistung 300 PS bei 7500/min
Vergaser 6 Weber-Fallstromvergaser 38 DCN
Getriebe 5 Gänge + RG
Chassis Stahlrohrrahmen
Vorderachse Doppeldreieckslenker, Schraubenfedern, Stabilisator
Hinterachse starr, halbelliptische Blattfedern, Schraubenfedern, Stabilisator
Reifen vorne/hinten 5,50/7,00 x 15
Leergewicht 1050 kg
Fahrleistung über 250 km/h Höchstgeschwindigkeit

Da die FIA sich weigerte, den 250 LM für die GT-Klasse zu homologieren, entwickelte Ferrari einen GTO mit geänderter Karosserie und baute drei Exemplare (hier Chassisnummer 5573GT); auch einige Modelle der Jahrgänge 1962 und 1963 profitierten von diesen Änderungen.

Jean Guichet greift zu drastischen Mitteln, um ein Rad seines Wagens (5573GT) zu lösen, der 1964 vom Werk an die Scuderia Sant' Ambroeus für die Targa Florio verliehen wurde. Lange Zeit führend, schied der GTO/1964 mit defektem Getriebe aus.

den Start zu bringen, wo Blaton, der als Held empfangen wurde, wiederum gewann. Die kurze, aber erfolgreiche Rennkarriere des Wagens endete am 30. Juni mit der Teilnahme an dem Sportwagen- und GT-Rennen im Vorfeld des Großen Preises von Reims. Nach heftigem Kampf mit Pierre Noblet belegte Lucien Bianchi den dritten Gesamtrang und die erste Position in der Dreiliter-Tourenwagenklasse. Im Juli 1963 wurde 4293 GT in die USA verkauft und sollte nie wieder ein Rennen bestreiten.

Die Anfang 1964 hergestellten letzten drei GTO besaßen eine aerodynamisch günstiger gestaltete Karosserie, die eine gewisse Ähnlichkeit mit den 250 P und 250 LM aufwies, denen die CSI die Homologation versagt hatte. 1965 präsentierte man quasi als Nachfolger des GTO den 275 GTB/C, der aber nur auf ausdrücklichen Wunsch der Kundschaft und ohne ernsthafte Absichten des Werkes entwickelt worden war. Einige GTO fuhren noch einzelne Rennen, doch die Parole war klar: Rückzug. Zu seinen Glanzzeiten sicherte der GTO Ferrari dreimal hintereinander die Markenweltmeisterschaft. Bis heute zählt der GTO zu den begehrtesten Ferrari-Modellen; das liegt nicht nur an seiner beeindruckenden Siegesliste, sondern auch an seiner Ausgewogenheit, seinem erstaunlichen Gleichgewicht zwischen Kraft, mechanischer Zuverlässigkeit und seiner tadellosen Straßenlage. Der GTO besitzt keine hyperkomplizierte Technik, sondern stellt zweifellos die Quintessenz des klassischen Sportwagens mit Frontmotor dar.

L wie Lusso

Ferrari
250 GT/L

Die frühen sechziger Jahre bedeuteten für Ferrari eine Zeit des Wohlergehens und des Übergangs. Der berühmte 156 F1, mit seinem typischen Haifischmaul, schickte sich an, als stärkster der neuen 1500-ccm-Formel 1-Boliden mit Mittelmotor Ferrari und dem Amerikaner Phil Hill den Titel der Saison 1961 zu sichern. Bei den Sportwagen dominierte Ferrari weiterhin mit dem bewährten Testa Rossa mit Frontmotor, aber auch mit dem schlanken, gut liegenden 246 SP mit V6-Mittelmotor. Auch bei den Straßensportwagen, die von den Erfahrungen im Rennsport in hohem Maße profitierten, beherrschte Ferrari die Konkurrenz. Anfang 1962 bot man in Gestalt der 250er-Familie ein breit gefächertes Programm: die 250 GT Berlinetta als Competizione oder Lusso, den 250 GT California Spyder, den 250 GTE als ersten Viersitzer aus Maranello, und schließlich den seltenen 250 GTO, dem die Ehre zuteil wurde, die Farben des Hauses in der Markenweltmeisterschaft hoch zu halten. Parallel zu den 250er-Modellen gab es dazu den exklusiven und raren 400 Superamerica, der sich an eine perfektionistische Klientel richtete, die nach mehr Komfort und Raffinement verlangte.

Dazu betrat nun der letzte Spross der 250er-Dynastie die Szene. Als Prototyp auf dem Pariser Salon 1962 präsentiert, ersetzte der Neuling die Berlinetta swb Lusso und machte deutlich, dass Maranello in Zukunft höheren Wert auf Komfort zu legen gedachte. Den Wünschen der Kundschaft entsprechend besaß die neue 250 GT/L Berlinetta ein neues Chassis, Typ 539/U, das zwar mit 2,40 Metern

Ferrari

Battista « Pinin » Farina
posiert neben seinem 250 GT/L.
Als Inkarnation von Stilsicherheit und Eleganz markiert dieser Typ die Phase zwischen der 250 GT Berlinetta und dem 275 GTB/2

Originell: das Armaturenbrett des Lusso war mit Leder bezogen, Tacho und Drehzahlmesser saßen in der Wagenmitte und waren, im Interesse besserer Ablesbarkeit, zum Fahrer hin geneigt.

Radstand das Maß des Vorgängers bewahrte, in dem aber der Motor um einige Zentimeter weiter nach vorne gerückt war, um mehr Platz im Innenraum zu schaffen. In Maranello wehte ein neuer, noch ungewohnter, aber aus wirtschaftlichen Gründen erforderlicher Wind. Beim Entwurf des Lusso bedienten sich Francesco Salomone, Adriano Rabbone und Aldo Brovarone von Pininfarina einer neuen, sehr nüchternen Formensprache. In seiner grazilen Schönheit vereinte der 250 GT/L die Schnauze der 250 Berlinetta mit dem Abrissheck samt Spoilerlippe von 250 GTO und 330 LMB. Das Resultat ist ausdrucksstark und von großer Reinheit. Glatt wie ein Kieselstein wies der 250 GT/L neue stilistische Präferenzen auf. Der Innenraum war, dank üppiger Fensterflächen, hell und lichtdurchflutet. Das rennsportliche Erbe zeigte sich zwar noch in den sehr guten Halt gebenden, lederbezogenen Sitzen, betont wurde nun aber eine luxuriösfunktionelle Ausprägung des Interieurs. Sehr originell fiel die Gestaltung des ebenfalls lederbespannten Armaturenbretts aus; Drehzahlmesser und Tacho saßen in der Mitte, zum Fahrer hin geneigt. Direkt vor sich fand der Fahrer eine Batterie von fünf kleineren Instrumenten. Als reiner Zweisitzer reservierte der Lusso den Raum hinter den Sitzen für eine lederbezogene Gepäckablage samt Halteriemen.

Die Betonung des Komforts schloss aber die Sportlichkeit nicht aus. Unter der imposanten Haube thronte ein Colombo-V12 mit 60° Gabelwinkel vom Typ 168/U mit 2953 ccm, wie bei den früheren 250 GT. Mit drei Weber-Vergasern 36 DCS leistete diese Maschine, die technische Anleihen bei der

Datenblatt 250 GT/L

Motor V12, 60° Gabelwinkel
Hubraum 2953 ccm
Bohrung x Hub 73 x 58,8 mm
Leistung 250 PS bei 7500/min
Vergaser 3 x Weber 36 DCS
Getriebe 4 Gänge + RG
Chassis Stahlrohrrahmen
Vorderachse Doppeldreieckslenker, Schraubenfedern, hydraulische Teleskopstoßdämpfer
Hinterachse starr, halbelliptische Blattfedern, Schraubenfedern, hydraulische Teleskopstoßdämpfer
Reifen 185 x 15

Berlinetta swb und beim 250 GTE nahm, 240 bis 250 PS bei 7500 Umdrehungen und war damit nicht weniger gut bei Kräften als die Berlinetta Lusso des Jahrgangs 1961. Je nach Achsübersetzung lief der 250 GT/L in der Spitze 230 bis 245 km/h. Mit dieser feinen Technik galt der 250 GT/L, intern auch Scaglietti Berlinetta Unificata genannt, vom Typ 168/U-539/U bei der werten Kundschaft einhellig als überaus gelungen, leistungsstark und elegant. Von Oktober 1962 bis Oktober 1964 wurden 350 Stück gebaut, deren Fahrgestellnummern von 4053 GT bis 5955 GT reichen; darunter auch Exemplar 4335 GT, Battista Pininfarinas persönliches Auto, das auf den Salons gezeigt wurde. Als letzter 250 GT mit Pininfarina-Karosserie wies der 250 GT/L jene Stilrichtung auf, in die sich die künftigen Hochleistungs-Zweisitzer aus Maranello bewegen würden.

Den Schwerpunkt auf Komfort und Raffinesse legend, beendete die 250 GT/L Berlinetta, von Pininfarina entworfen und auf dem Pariser Salon im Herbst 1962 vorgestellt, das lange Kapitel der 250er-Modelle.

V12 in der Mitte

Ferrari 275 P

Enzo Ferrari zeigte sich lange Zeit alles andere als begeistert von der Idee, einen Mittelmotor-Sportwagen zu bauen. Cheftechniker Carlo Chiti schreibt in seinen Memoiren, dass „Ferrari wohl oder übel mit Änderungen an seinen Autos einverstanden war, sich dem Mittelmotor aber hartnäckig widersetzte. Ich war überzeugt davon, dass man dieses Konzept erproben müsse, doch er leistete heftigen Widerstand. Selbst Giotto Bizzarrini war dagegen. Einer der Gründe dafür lag darin, dass Ferrari GT-Wagen entwarf und verkaufte, die bleiben sollten, wie sie waren, während wir für die Rennwagen die Mittelmotorauslegung favorisierten".

Enzo Ferrari musste sich am Ende der Einsicht beugen. Die Niederlagen, welche die wendigen und leichten Mittelmotor-Cooper Ferrari zufügten, signalisierten klar das Ende der Frontmotor-Ära im Rennsport. Das galt auch für die Sportwagen-Klasse. Obwohl die Testa Rossa, inzwischen mit unabhängig aufgehängten Hinterrädern, noch bis in die sechziger Jahre hinein Rennen bestritten, experimentierte Ferrari gleichzeitig mit einem Mittelmotor-Sportwagen, einem Dino mit 2,4-Liter-V6, der auf die Bezeichnung 246 SP hörte. Die ersten Versuche verliefen zwar, wegen zu geringem Gewicht auf den Hinterrädern, wenig erfolgreich, aber es war klar, dass die Rennabteilung definitiv auf diesem neuen Weg weiter voranschreiten würde.

Für die Saison 1962 brachte Ferrari vier verschiedene Versionen, die von V6-Motoren mit zwei Litern (196 SP), 2,4 Litern (246 SP) und 2,8 Litern (286 SP) sowie von einem 2,5 Liter messenden, von Lancias altem Formel-1-Motor abgeleitetem V8 (248 SP) angetrieben wurden. Diese Wagen konnten zwar nicht an der Markenweltmeisterschaft teilnehmen, die in der GT-Klasse (mit dem 250 GTO als Ferraris Waffe) ausgefochten wurde, dafür aber glänzten die Dino bei der Targa Florio, auf dem Nürburgring und bei der Guards Trophy in Brands Hatch. Den Höhepunkt der Saison, das Rennen in Le Mans, überließen sie aber dem alternden 330 TRI.

Auf der Pressekonferenz in Maranello im Dezember 1962 konnte der Europäische Bergmeistertitel, den Ludovico Scarfiotti mit dem 196 SP eingefahren hatte, Ferraris empfindliche Niederlage in der Formel 1 nicht kaschieren. Das hatte es seit 1957 nicht mehr gegeben. In diesem Zusammenhang legte Enzo Ferrari Rechenschaft ab und betonte, dass ihm alle Teile des Sportprogramms gleich teuer seien. „In den 18 Monaten vom 1. Juli 1960 bis 31. Dezember 1961 sind 400 Millionen Lire in unsere

Ferrari
REV.s x 100
VEGLIA
ANOMETRO
OLIO
Kg/cm²
VEGLIA
OLIO
VEGLIA

Sportabteilung geflossen. Nun wurde in einer einzigen Saison die Summe von 397 Millionen Lire erreicht. Auch wenn man die 100 Millionen an Preisgeldern, Prämien und externen Zuschüssen abzieht, ist das eine Summe, die auf einer kleinen Firma sehr schwer lastet". 1962 produzierte und verkaufte Ferrari immerhin 493 Straßensportwagen. Ein Rekord…

Zweifel und Unsicherheit ließen Ferrari aber nicht aufgeben. Mit seinem üblichen Geschick überließ er nichts dem Zufall. Im März 1963 wurden die Absichten Maranellos in der Prototypen-Klasse offenbar. Auf der komplett renovierten Rennstrecke in Monza präsentierte Ferrari der italienischen Presse zwei Wagen – die seinem Anliegen der Kostensenkung entsprachen – samt den zugehörigen Fahrern. Neben der 330 LM Berlinetta mit Vierlitermotor, die in Le Mans in der 1962 geschaffenen Klasse der GT-Prototypen antreten sollte, stand der erste Ferrari-Prototyp mit V12-Mittelmotor. Mit dieser großartigen, 250 P genannten Barchetta begann der Reigen der P-Modelle. In dem Gitterrohrrahmen-Chassis mit 2,40 Metern Radstand und neuen Radaufhängungen thronte wiederum der Testa Rossa-V12, drei Liter groß und mit sechs Weber-Doppelvergasern vom Typ 38 DCN 310 PS bei 7500 Touren leistend. Die bemerkenswert saubere Linienführung des 250 P konzentrierte sich um den als Spoiler ausgeprägten Überrollbügel, wie zuvor schon an einigen Mittelmotor-Dino. Schon bei den ersten Erprobungen in seiner endgültigen Gestalt bestätigte der 250 P die Richtigkeit des Konzeptes, das das Team um Mauro Forghieri und Sportdirektor Eugenio Dragoni entwickelt hatte, und stellte Rekordwerte auf. Im Übrigen unterstrichen auch die zahlreichen Erfolge, die der 250 P in der Saison 1963 einfuhr, die Qualitäten des Autos. Nur die Targa Florio fehlte auf der Siegesliste.

Am Ende konnte Ferrari, der sich insgeheim über die Gefahr durch die Amerikaner sorgte, nicht wenig stolz darauf sein, die Attacken der aggressiven Ford und AC Cobra in der GT-Klas-

Abgeleitet vom 250 P und eingeführt im Jahre 1963, setzte der 275 P die Erfolgsstoryder „P"-Modelle in der Saison 1964 fort.

se und der Lola GT und Chaparral bei den Prototypen abgewehrt zu haben. Diese Siege wogen umso schwerer, als sie auf den Abbruch der Verhandlungen mit Ford im April folgten, wo es um eine Übernahme Ferraris ging.
1964 musste sich Maranello auf Schlimmeres einstellen. Ford in Detroit hatte die Abfuhr durch Ferrari noch immer nicht verdaut und sann auf Rache, die mit dem Ford GT 40 Gestalt annahm. Um diese Armada in Schach zu halten, bediente sich Ferrari der weiterentwickelten 250 P. Zu den vier Exemplaren aus 1963 (Chassis-Nr. 0810, 0812, 0814, 0816) gesellten sich vier weitere, großteils miteinander identische Wagen (0818, 0820, 0822, 0824). Optisch unterschieden sich die Modelle 1964 durch ihre längere und etwas flachere Karosserie, durch ihre schräg gestellten Windschutzscheibenrahmen, durch den geänderten Spoilerbügel, andere Lufteinlässe und die nach hinten abfallende Motorhaube. Und genau unter dieser imposanten Haube fand sich die eigentliche Neuheit: Der Dreiliter-V12 hatte einem 3,3-Liter-Aggregat mit vier obenliegenden Nockenwellen Platz gemacht, das 320 PS bei 7700 Umdrehungen abgab. Auch eine weitere Version wurde präsentiert: der 330 P mit Vierlitermotor, der 370 PS bei 7300 Touren leistete und an zwei befreundete Rennställe abgegeben wurde, das NART-Team von Luigi Chinetti und an die Maranello Concessionaires von Colonel „Ronnie" Hoare.
Im Laufe der Saison 1964 kamen werksseitig auch 250 P mit der größeren Maschine zum Einsatz. So auch unser Fotoexemplar, Nr. 0816. Obwohl Ford zum ersten Scharmützel bei den 12 Stunden von Sebring noch nicht antreten konnte, entsandte Ferrari mit drei 330 P und zwei 275 P eine imposante Streitmacht dorthin. Surtees/Bandini führten

Seinem entspannten Gesichtsausdruck nach scheint Le Mans für Joakim Bonnier eine Sommerfrische zu sein. Gemeinsam mit Graham Hill pilotierte er den 330 P des englischen Teams Maranello Concessionaires 1964 auf den zweiten Platz.

Folgende Doppelseite:

Trotz der starken Konkurrenz, die man von Ford erwartete, fuhr der 275 P (Chassisnummer 0816) den achten Ferrari-Sieg in Le Mans ein. Am Steuer saß das Duo Guichet/Vaccarella.

20

20
5

TOTAL

zehn Stunden lang, mussten dann aber mit Bremsen- und Kühlungsproblemen aufgeben. Das italienische Team Ludovico Scarfiotti/Nino Vaccarella, mit Nr. 0816 Vierte im Training, lag dann hinter dem Schwesterauto von Mike Parkes/Umberto Maglioli auf dem zweiten Rang und hatte schließlich freie Bahn, als diese in der letzten Runde mit Getriebeschaden liegenblieben.
Nun richteten sich alle Anstrengungen auf Le Mans, wo die Schlacht Ferrari-Ford voll entbrannte. Das Motto „David gegen Goliath" schien angebracht, denn Ford hatte nicht mit Mitteln geknausert, um es den Roten heimzuzahlen. Bei den Trainingsfahrten im Aprilregen schien das Pendel zugunsten Ferraris auszuschlagen. Am 31. Mai auf dem Nürburgring in der Eifel düpierte Ferrari einmal mehr die Konkurrenz, doch der einsame Ford GT 40 hatte Gelegenheit, sein großes Potenzial aufzuzeigen. Drei Wochen später wurden an der Sarthe alle Gewissheiten beiseite gefegt. Ferrari behauptete, um sich selbst von seiner Überlegenheit zu überzeugen, dass Dollarmillionen 16 Jahre Erfahrung in Le Mans nicht ersetzen könnten. Die Gefahr manifestierte sich in Gestalt dreier anwesender Ford GT 40. Am Ende der zweiten Runde setzte sich Richie Ginther im GT 40 an die Spitze und hielt sie zwei Stunden lang, ehe das Getriebe versagte. Nun hatten die Ferrari im Zwischenklassement eine Dreifachführung inne, Surtees/Bandini lagen im 330 P vor den 275 P unter Guichet/Vaccarella und Bonnier/Hill. Zur Hälfte des Rennens konzentrierte sich alles auf die Frage, wie der letzte verbliebene GT 40 abschneiden würde. Guichet und Vaccarella brachten Nr. 0816 an die Spitze, als der 330 P Probleme mit der Benzinpumpe bekam. Die Ferrari-Prototypen beendeten das Rennen ziemlich strapaziert. Bei jedem Tankstopp fuhren die Piloten nur äußerst behutsam los, um ihre Kupplungen zu schonen. Am Ende der 24 Stunden begrüßte die Zielflagge den Franzosen Jean Guichet und den Sizilianer Nino Vaccarella als Sieger. Mit ihrem Vorjahreswagen hatten sie 4695,31 Kilometer mit einem Schnitt von 195,638 km/h durchfahren.
Die Prototypen aus Maranello hatten die noch unzuverlässigen und wenig robusten US-Renner zum Frühstück verzehrt und damit die erste Runde dieses Duells gewonnen. Das und der errungene Formel-1-Titel ließen Ferrari aufatmen. Aber was stand nun bevor? Angesichts der unbestreitbaren Ressourcen der Amerikaner bereitete Maranello eine neue Generation von Prototypen vor, deren Technik zu einem guten Teil aus der Formel 1 stammte. Diese neue Generation hörte ebenfalls auf die Bezeichnung P und führte Motorleistungen, aber auch Kosten in unerhörte Höhen. In Kürze werden wir, bei der Behandlung des mythischen 330 P4, darauf zurückkommen.

Linke Seite oben:

Obwohl John Surtees 1964 im Ferrari 10 Punkte fehlten, um Formel-1-Weltmeister zu werden, gewann der Engländer Graham Hill im 330 P des Colonel Hoare sowohl die Tourist Trophy als auch die 1000 Kilometer von Paris.

Datenblatt 275 P

Motor V12, 60° Gabelwinkel
Hubraum 3286 ccm
Bohrung x Hub 77 x 58,8 mm
Leistung 320 PS bei 7700/min
Vergaser 6 Weber-Fallstromvergaser 38 DCN
Getriebe 5 Gänge + RG
Chassis Gitterrohrrahmen
Vorderachse Doppeldreieckslenker, Federbeine
Hinterachse Doppeldreieckslenker, Federbeine
Reifen vorne/hinten 5,50/7,50 x 15
Leergewicht 860 kg
Fahrleistung 280 km/h Höchstgeschwindigkeit

Die dritte Generation der Mittelmotor-Ferrari gab es als 275 P (mit 3,3-Liter-Motor) und als 330 P mit Vierlitermaschine; diese Modelle brachten Ferrari den neunten Marken-Weltmeistertitel ein.

Mittelmotor GT

Ferrari 250 LM

Um einen würdigen Nachfolger des 250 GTO im Stall zu haben und der Ford-Offensive mit den flinken Cobra Daytona-Coupés etwas entgegen setzen zu können, ersann Ferrari die 250 Berlinetta Le Mans. Als erstes GT-Modell mit Mittelmotor nahm der 250 LM viele Anleihen bei den 250 P-Prototypen der Saison 1963. Nach seiner offiziellen Präsentation in Ferraris Fabrikhof im September 1963 glänzte der LM auch im Neonlicht des Pariser Salons. Von Pininfarina meisterhaft in Form gebracht und bei Scaglietti gebaut, hinterließ der 250 LM einen starken Eindruck. Die rasche Reaktion des Meisters aus Maranello verblüffte die Beobachter nicht weniger als der radikale Wandel der Technik. Das war noch gelinde ausgedrückt, denn mit dem Nachfolger des GTO änderte Ferrari ansatzlos und radikal sein technisches Konzept. Obwohl ursprünglich geplant war, 100 Exemplare für die Homologation in der GT-Klasse zu bauen, endete die Produktion leider nach nur 32 Einheiten. Die Homologation musste dementsprechend unterbleiben. Seine Abstammung konnte der 250 LM indessen nicht verleugnen: er trat als geschlossene Version des 250 P auf. Das nunmehr vorhandene Dach war mit seiner senkrecht stehenden Heckscheibe originell gestaltet. Tatsächlich war sie weit eingezogen, und die B-Säulen erinnerten somit durchaus an den Spoilerbügel des 250 P. Das Gitterrohrchassis wurde von William Vaccari in Modena konzipiert. Vom 250 P übernahm der LM nicht nur den Radstand (240 cm), sondern

POMPE
BENZINA
ACQUA
VEGLIA

auch die Radführung über doppelte Dreieckslenker und Schraubenfedern. Verschieden war hingegen die Anordnung der Tanks, die zu beiden Seiten des Motors zwischen Türen und Hinterachse angeordnet waren.
Nach dem Auftritt in Paris wanderte Nr. 5149 GT, mit dem 2953 ccm großen Colombo-V12 ausgestattet, über die Autosalons. Es sollte übrigens der einzige 250 LM mit Dreilitermaschine bleiben. Alle übrigen Berlinetten stattete Ferrari mit dem 3,3-Liter-V12 aus. Der längs mittschiffs montierte Motor entwickelte 320 PS bei 7500 Touren, wurde über sechs Weber-Fallstromdoppelvergaser Typ 38 DCN gefüttert und stellte ein veritables Drehmoment von 32 mkg bei 5500 Umdrehungen bereit. Die Kraftübertragung erfolgte über eine Einscheiben-Trockenkupplung mit hydraulischer Betätigung, die ebenso wie das nicht synchronisierte Fünfganggetriebe hinter dem Motor angebracht war. Der LM wog nur 820 Kilo und war damit um 200 Kilogramm leichter als der GTO in der Version 1964. Bei nur 1,11 Metern Höhe gestaltete sich der Einstieg schwierig. Beim inoffiziellen Training in Le Mans im April 1964 experimentierte das Werk, zum ersten und zugleich letzten Mal, mit einem Fließheck, um die Höchstgeschwindigkeit des 250 LM mit der 3,3-Liter-Maschine zu erhöhen. Nach der unterbliebenen Homologation in der GT-Klasse hatten viele Kunden ihre Aufträge storniert; dies, die lauen Ergebnisse der Testfahrten und der hohe Preis des Autos ließen Enzo Ferrari das Interesse am LM verlieren. Schließlich lief der 250 LM nur in den Farben der halboffiziellen Werksteams – NART, Ecurie Francorchamps, Scude-

Als Prototypen-Wolf im GT-Schafspelz tat der 250 LM, die erste Berlinetta mit Mittelmotor, bei den halboffiziellen Werksteams und einigen reichen, talentierten Privatfahrern Dienst.

Unten:

Auf dem Genfer Salon 1965 überraschte Pininfarina mit diesem 250 LM Stradale, ganz in Weiß mit blauen Streifen und rotem Lederinterieur.

DUNLOP
21

Links:

Masten Gregory und Jochen Rindt
unterwegs zum Sieg. Am Steuer des 250 LM des NART-Teams errangen sie 1965 Ferraris neunten und letzten Le Mans-Sieg.

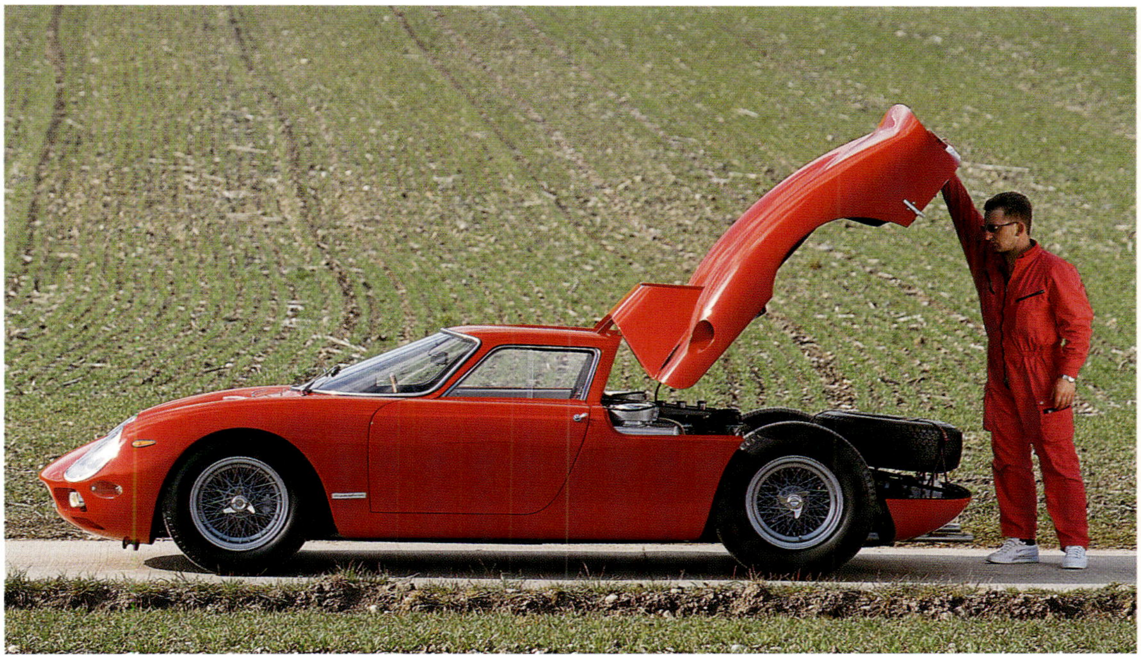

ria Filipinetti, Maranello Concessionaires –, und einige talentierte Fahrer traten mit ihm sogar in der Prototypen-Kategorie an.
Nr. 5149 GT haben wir für unsere Aufnahmen aufgespürt; der Wagen hat eine bewegte Geschichte hinter sich. Anfang 1964 erhielt das Auto den 3,3-Liter-Motor und ging an Luigi Chinetti, unter dessen Ägide es zum ersten Renneinsatz eines 250 LM kam. Pedro Rodriguez fuhr den Wagen am 15. Februar 1964 beim Daytona Challenge Cup, einem 250-Meilen-Rennen. Dort hatte 5149 GT Probleme mit der Betankung. Am 1. März sehen wir unser Auto wieder, beim SCCA National in Atlanta, Georgia. Mit Buck Fulp am Steuer belegte es den achten Rang. Drei Wochen darauf nahm dieser allererste 250 LM unter Charlie Kolb/Tom O`Brien an den 12 Stunden von Sebring teil, wo er bei einem Tankstopp vollständig zerstört wurde. Im Zuge des folgenden Neuaufbaus bekam der Wagen einige ästhetische Änderungen mit auf den Weg und wurde von Chinetti an Tom Reagan verkauft. Der nächste Besitzer, Don Addley, rüstete 5149 GT für die Straße um, doch der Wagen wurde bei einem Brand erneut zerstört. Das Wrack ging an Chinetti zurück. Als dieser 1977 Chinetti Motors dichtmachte, wanderten die Überreste in die Hände Wayne Sparlings. Es folgte eine dunkle Phase, in der die Profitgeier den Wagen umkreisten. Ende der achtziger Jahre restaurierte die Firma Franco Bacchelli & Roberto Villa in Modena nicht nur einen, sondern gleich zwei 250 LM mit der Chassisnummer 5149 GT! 1991, kurz nachdem die beiden Wagen fertig restauriert waren, erreichte der Mummenschanz seinen Höhepunkt. Wayne Sparling unterzeichnete ein Papier des Inhalts, dass die Teile des bei dem Brand zerstörten LM nutzlos

Untem:

Als Nachfolger des 250 GTO auf der Rennstrecke gedacht, wurde dem 250 LM nach seiner Präsentation auf dem Pariser Salon im Herbst 1963 die Zulassung für die GT-Kategorie verweigert.

Links:

Dieses langlebige Exemplar des 250 LM bestritt unter Rouget/Gosselin die Tour de France Automobile 1969, fiel aber nach einer Pannenserie unrühmlich aus.

Datenblatt 250 LM

Motor V12, 60° Gabelwinkel
Hubraum 3286 ccm
Bohrung x Hub 77 x 58,8 mm
Leistung 320 PS bei 7500/min
Vergaser 6 Weber-Fallstromvergaser 38 DCN
Getriebe 5 Gänge + RG
Chassis Gitterrohrrahmen
Vorderachse Doppeldreieckslenker, Federbeine, Stabilisator
Hinterachse Doppeltrapezlenker, Federbeine, Stabilisator
Reifen vorne/hinten 5,50/7,00 x 15
Leergewicht 850 kg
Fahrleistung 280 km/h Höchstgeschwindigkeit

seien und zu nichts anderem taugten, als einen weiteren Wagen mit anderer Chassisnummer zu rekonstruieren!
Die Laufbahn des 250 LM war also eine Wanderung auf schmalem Grat, brachte Ferrari aber immerhin ein paar schöne Pokale ein. Zu den schönsten Erfolgen zählten die Siege des Maranello Concessionaires-Exemplars bei den 12 Stunden von Reims 1964 unter Graham Hill/Jo Bonnier und vor allem des NART-Wagens unter Masten Gregory/Jochen Rindt 1965 in Le Mans: nach dem Ausscheiden der Konkurrenten und der eigenen, starken Prototypen wurde Ferrari durch das Kundenteam gerettet. Zugleich fuhr der 250 LM damit den letzten von 9 Ferrari-Siegen in Le Mans heraus. Die Rennsportkarriere des LM dauerte recht lange und obwohl er vom Werk so stiefmütterlich behandelt wurde, bewies er ironischerweise, dass er immer dann erfolgreich sein konnte, wenn die zur Anfälligkeit neigenden Prototypen ausfielen.
Das Stiefkind 250 LM markierte den Übergang zwischen zwei Epochen. Die Kenner sind der Ansicht, dass es seiner Zeit weit voraus war; mindestens aber, dass es zur falschen Zeit das Licht der Welt erblickte. Wäre es in der GT-Klasse zugelassen gewesen, hätten es 1965 die Cobra Daytona-Coupés wesentlich schwerer gehabt.

Die Kraft der Reife

Ferrari 275 GTB

Die Entstehung des 275 GTB stellte dem Wissen und der kreativen Phantasie des Hauses Pininfarina ein weiteres gutes Zeugnis aus. Denn es stellte sich damals die Frage, ob der Karossier die plastische Schönheit der 250 GT Berlinetta und des 250 GT/L noch übertreffen könne. Als der 275 GTB auf dem Pariser Salon 1964 erstmals zu sehen war, wurde jedermann klar, dass ihm dies gelungen war. Das klassizistische Design des 275 erging sich in den damals im Schwange stehenden Rundungen und eröffnete ein neues Kapitel in der Geschichte der Berlinetta. Ganz wie sein Vor-Vorgänger, die 250 GT Berlinetta, verströmte der 275 GTB Eleganz, Raffinement und Kraft. Dabei ging seine bemerkenswerte Nüchternheit keineswegs auf Kosten des Charakters, sondern markierte den Höhepunkt von vielen Jahren italienischen Karosseriebaus.
Im Entwurf der neuen Berlinetta spürt man den Einfluss der Konkurrenz, aber auch der hauseigenen Modelle 330 LMB und 250 GTO. Die verschobenen Proportionen künden von einer neuen, noch ungewohnten Ästhetik. Die Persönlichkeit des 275 GTB bezieht ihre Spannung aus dem Verhältnis von kurzem Heck, knapp geschnittenem Cockpit und ellenlanger Motorhaube.
Als Nachfolger der lange erfolgreichen 250er-Reihe verleugnete der 275 GTB sein sportliches Erbe nicht, weder was das Fahrwerk anging, noch im Falle des Antriebs. Die große Neuheit, die er bot, bestand in den vier unabhängig aufgehängten Rädern, eine Premiere bei den Straßen-Ferrari und verantwortlich für einen spürbar besseren Fahrkomfort und optimiertes Handling. Die Räder wurden über ungleich lange Doppel-Dreieckslenker und ein auf die oberen Lenker gestütztes Federbein geführt. Um die Massen gleichmäßiger zu verteilen und Gewicht zu sparen, wurde das Fünfganggetriebe, einer Gepflogenheit aus dem Rennwagenbau der fünfziger Jahre folgend, mit dem Differenzial verblockt.
Das rennsportliche Erbe dokumentierte sich auch im Antrieb dieser Berlinetta, die im Übrigen wieder auf dem kurzen Radstand von 2,40 Metern ruhte. Der Motor, letzter

MICHELIN

Abkömmling des seit 1947 gebauten V12, stammte direkt von der Maschine des unschlagbaren 275 P Spyder aus der Vorjahressaison ab, und verfügte über eine Bohrung von 77 Millimetern. Der Hubraum lag bei 3285,7 ccm; mit einer Verdichtung von 9,2:1 und drei 40 mm-Weber-Doppelvergasern gab die Maschine 280 PS bei 7600 Umdrehungen ab. Für besonders leistungshungrige Kunden gab es auch eine Vergaseranlage mit sechs Weber 40 DCN3-Gasfabriken, die 10 Extra-PS brachte.

Für die Traditionalisten war es naturgemäß ein Sakrileg, dass die Borrani-Speichenräder in die Aufpreisliste verbannt wurden und nunmehr Leichtmetallräder von Campagnolo serienmäßig waren. Trotz des Strebens nach mehr Komfort und Alltagstauglichkeit hatte der 275 GTB doch immer noch viel von der Attitüde und den Reflexen eines Rennsportwagens an sich. Für den Jahrgang 1966 ließ Ferrari den Wagen an Optik und Technik etwas auffrischen. Zunächst einmal wurde die Heckscheibe deutlich größer, was die Sicht nach hinten verbesserte, und die Scharniere des Kofferdeckels wanderten nach außen. Anfang 1966 wurde die Frontpartie verlängert und weiter nach unten gezogen, um der leichten Instabilität bei hohen Tempi ein Ende zu machen; Vibrationen im Antriebsstrang

Obem:

Außer auf den P2-Prototypen ruhten Ferraris Hoffnungen in der GT-Klasse auf Willy Mairesse und Jean Blaton. Am Steuer des 275 GTB Competizione (Chassis 6885GT) mit Alukarosserie und langer Schnauze hielt das Duo nicht nur die Cobra Daytona Coupés in Schach, sondern errang auch den dritten Gesamtrang.

Aufgrund der Hartnäckigkeit seiner Sportkunden sah sich Ferrari genötigt, eine Kleinserie von 275 GTB/C auf die Räder zu stellen. Nach einer ersten Serie von 10 Exemplaren mit kurzer Schnauze im Jahre 1965 gab es 1966 12 weitere Berlinetten mit langer Schnauze, davon vier mit Rechtslenkung.

Manches von der Technik des 275 GTB stammte von den 250 LM und 275 P, so auch der 3,3-Liter-V12, der mit seinen drei 40er Weber-Doppelvergasern 280 PS leistete.

begegnete man damit, dass die Kardanwelle in einem starren Rohr verlief, das eine sichere Verbindung zwischen Motor und der Getriebe/Differenzial-Einheit gewährleistete. Einige weitere Modifikationen verbesserten Ausstattung und Komfort dieser „Serie 2". Doch 1966 brachte auch wichtigere Veränderungen. In dem Jahr, da Ford sich anschickte, in der Sportwagenklasse die Führungsrolle zu übernehmen, und Lamborghini mit seinem extravaganten Mittelmotor-Miura Aufsehen erregte, konnte Maranello nicht tatenlos zusehen.

Die Antwort des Commendatore war auf dem Pariser Salon 1966 zu besichtigen: in Gestalt einer überarbeiteten 275 Berlinetta. Dem Vorgänger optisch bis auf eine Ausbuchtung auf der Motorhaube sehr ähnlich, war dieser 275 GTB/4 der erste Straßen-Ferrari mit einem Viernockenwellen-Motor. Das neue 3,3-Liter-Aggregat besaß viele Details vom Motor der P2-Prototypen der Saison 1965, neue Zylinderköpfe, sechs Weber 40DCN-Vergaser und eine vom 275 GTB/Competizione geerbte Trockensumpfschmierung. Wichtiger als die reine Leistungssteigerung um 20 auf jetzt 300 PS waren aber das gestiegene Drehmoment und die verbesserte Elastizität. Die immer strikter werdenden amerikanischen Abgasnormen, aber auch die Konkurrenz durch den Miura bereiteten dem 275 GTB/4 ein vorzeitiges Ende, nachdem von Herbst 1966 bis Frühjahr 1968 etwa 350 Stück produziert worden waren. Damit hätte sich ein ruhmreiches Kapitel in der Geschichte der klassischen straßentauglichen Berlinetta geschlossen, als deren Höhepunkt der 275 GTB durchaus angesehen werden kann, wenn Ferrari nicht ein weiteres Mal am Frontmotorkonzept festgehalten hätte.

Rechts:

Zusammen mit dem 275 GTB auf dem Pariser Salon 1964 erstmals vorgestellt, war das milder ausgelegte 275 GTS Cabriolet um 20 PS schwächer und von sanfterer Optik als die Berlinetta.

Datenblatt 275 GTB

Motor V12
Hubraum 3285 ccm
Bohrung x Hub 77 x 58,8 mm
Leistung 300 PS bei 8000/min
Vergaser 6 Weber-Doppelvergaser 40 DCN 9
Getriebe 5 Gänge + RG
Chassis Stahlrohrrahmen
Vorderachse Doppeldreieckslenker, Schraubenfedern, Teleskopstoßdämpfer
Hinterachse Doppeldreieckslenker, Schraubenfedern, Teleskopstoßdämpfer
Reifen 205 HR 14
Leergewicht 1100 kg
Fahrleistung 260 km/h Höchstgeschwindigkeit

Nur für Fans

Ferrari 275 Spyder NART

Die Ferrari-Liebhaber könnten endlos in den offiziellen Werksunterlagen stöbern und dabei doch keine einzige Spur des 275 Spyder NART entdecken. Denn dieser großartige Spyder war das Kind Luigi Chinettis, des rührigen und sportiven amerikanischen Ferrari-Importeurs. Quasi als Nachfolger des 250 GT Spyder California diente der 275 Spyder NART nur einem Zweck: den amerikanischen Fans ein sportliches Cabriolet auf Basis der 275 GTB Berlinetta zu bieten. Denn das vom Werk angebotene 275 Cabriolet besaß einen entschieden anderen Charakter.

Der Präsentation des 275 GTB im Oktober 1964 folgte, wie oft bei Ferrari, die Vorstellung einer offenen Version, des 275 GTS. Dieses Fahrzeug, wenngleich elegant, verlor in Pininfarinas Studios die dezidierte Sportlichkeit der Berlinetta, und auch die Leistung des 3,3-Liter-V12 wurde reduziert. 20 PS fehlten dem Cabriolet auf die Berlinetta, was die offene Version etwas schlapp werden ließ; und mit seiner gehobenen Ausstattung sprach das Cabriolet eine eher gesetzte Klientel an.

Als der 275 GTB ab dem Pariser Salon 1966 durch den GTB/4 mit Viernockenwellenmotor und gleichzeitig der 275 GTS durch den 330 GTS ersetzt wurde, fiel der Abstand noch deutlicher aus. Der neue GTS war in Wirklichkeit die offene Version des auf dem Genfer Salon 1966 präsentierten 330 GTC. Von diesem Coupé stammte die Technik, bis hin zu dem Vierliter-V12, und das Design.

In diesem Moment trat Luigi Chinetti auf den Plan und setzte sich vehement für die Entwicklung des Spyder NART ein, einem echten, offenen 275 mit dem ganzen Feuer der Berlinetta und dem sportlichen Flair der klassischen Ferrari-Spyder. Scaglietti, der auch die

Die gelungene Optik des 275 Spyder NART verdanken wir dem Genie von Scaglietti, die Existenz des Wagens an sich der Leidenschaft und der Dynamik des US-Importeurs Luigi Chinetti.

Datenblatt
275 Spyder NART

Motor V12
Hubraum 3285 ccm
Bohrung x Hub 77 x 58,8 mm
Leistung 300 PS bei 8000/min
Vergaser 6 Weber-Doppelvergaser 40 DCN 9
Getriebe 5 Gänge + RG
Chassis Stahlrohrrahmen
Vorderachse Doppeldreieckslenker, Schraubenfedern, Teleskopstoßdämpfer
Hinterachse Doppeldreieckslenker, Schraubenfedern, Teleskopstoßdämpfer
Reifen 7,00 x 14
Leergewicht 1100 kg
Fahrleistung 250 km/h Höchstgeschwindigkeit

Die Erfolgsformel des 250 GT Spyder California aufgreifend, entstanden vom Spyder NART nur 10 Exemplare. Einer der glücklichen Besitzer war Schauspieler Steve McQueen.

275 Berlinetta fertigte, wurde die Umrüstung anvertraut. Der Karossier ging umsichtig zu Werke, um durch die Entfernung des Daches den Esprit der Berlinetta nicht zu zerstören, und so besaß der Spyder NART eine sehr gelungene Optik. Aus jedem Blickwinkel wirkt dieses Auto äußerst ansehnlich. Ob mit offenem oder geschlossenem Dach, die Ästhetik stimmt.
Das erste Exemplar, im Februar 1967 nach New York geliefert, lief bei den 12 Stunden von Sebring, dem zweiten Lauf der Markenweltmeisterschaft, an dem die Scuderia Ferrari, die Wochen zuvor in Daytona gewonnen hatte, nicht teilnahm. Inmitten einer Armada von Ford-Wagen schlug sich der Spyder wacker. Als einziger Ferrari sah er das Ziel und belegte unter den Journalisten Denise McCluggage und Pinky Rollo den 17. Platz.
Trotz seiner sportlichen Anlagen fühlte sich der Spyder NART weniger auf der Rennstrecke zuhause als vielmehr unter der warmen Sonne Kaliforniens an der frischen Luft. Die Karriere des Spyder, der nur in den USA lieferbar war, verlief recht kurz. Da seine Technik mit derjenigen des 275 GTB/4 identisch war, dessen Motor sich mit den immer schärfer werdenden US-Abgasvorschriften schwer tat, und weil ihm jegliche offizielle Anerkennung durch das Werk versagt blieb, wurden vom Spyder NART nur 10 Stück gefertigt, darunter Nr. 10453 für den Schauspieler Steve McQueen, der ein großer Ferrari-Fan war und schon einen 250 GT/L besaß.
Heute zählt der Spyder zu den begehrtesten aller Ferraris. Seine Seltenheit und die Anhänglichkeit seiner Besitzer (wer einen hat, gibt ihn nicht her!) haben dazu geführt, dass gewisse Leute ihren Berlinetten heimlich das Dach entfernt haben.

Die Linien des 275 GTB/4, auf dem der Spyder NART basierte, kamen bei der offenen Variante erst so recht zur Geltung. Als Inkarnation des offenen GT macht den Spyder seine Seltenheit umso begehrenswerter.

Als dachloser 275 GTB/4 besaß der Spyder NART die Technik der Berlinetta: 3,3-Liter-V12 mit vier oben liegenden Nockenwellen, 6 Weber-Doppelvergaser und Trockensumpfschmierung.

Luxus läuft

Ferrari 330 GTC

Mitte der sechziger Jahre geriet Ferrari, lange Zeit unangefochten, von allen Seiten unter Druck. 1966 lähmten Streiks das Werk, während man die Überlegenheit von Ford bei den Langstreckenrennen und von Brabham in der Formel 1 erdulden musste. Bei den Seriensportwagen preschte Lamborghini voran und zeigte auf dem Genfer Salon im März eine Mittelmotor-Berlinetta, den Miura. Was auf dem Ferrari-Stand nur wenige Meter weiter zu sehen war, wirkte gegenüber dem von Gandini für Bertone gezeichneten Neuling ziemlich altbacken. Dennoch schien Ferrari mit dem 330 GT, der die erfolgreiche Linie der 2+2-Sitzer fortsetzte, dem 275 GTB als Verkörperung der traditionellen zweisitzigen Hochleistungs-Berlinetta, dem offenen 275 GTS und schließlich dem 500 Superfast als Flaggschiff, das die scheinbar unversöhnlichen Gegensätze von Sportlichkeit und Luxus in sich vereinte, gegen alle Angriffe der Konkurrenz hinreichend gewappnet. Um letzte Angebotslücken zu schließen, brachte Ferrari ein weiteres, fünftes Modell auf den Markt. Auf seine Art sollte der neue Wagen die Begehrlichkeiten von Lamborghinis Geschoss ablenken und Interesse auf sich ziehen. Dieser 330 GTC sollte den 250 GT/L beerben, der nicht eigentlich einen Nachfolger gefunden hatte. Als Synthese aus dem 1964 vorgestellten 330 GT 2+2 und dem 275 GTB sollte der 330 GTC das Konzept des luxuriösen und komfortablen Zweisitzers neu beleben. Von der sportlichen 275 GTB Berlinetta stammten Chassis, Fahrwerk mit vier einzeln aufgehängten Rädern, Doppel-Dreieckslenkern, Federbeinen und Stabilisatoren sowie das hinten montierte Getriebe.

Vom 330 GT 2+2 übernahm der Neuling den Vierliter-V12, Typ 209, mit 60° Gabelwinkel und 3967 ccm Hubraum. Bei unveränderten Maßen (77 Millimeter Bohrung, 71 Millimeter Hub) leistete die Maschine, gefüttert von drei Weber-Doppelvergasern 30 DCZ und mit einer Verdichtung von 8,8:1, 300 PS bei 6600 Umdrehungen, das höchste Drehmoment betrug 33,2 mkg bei 5000 Touren. Die Ventile standen in einem Winkel von 54° zueinander und wurden von je einer oben liegenden Nockenwelle je Zylinderbank über

VEGLIA BORLETTI
Km/h
180
210
240
270
300
100
140
°C
90
120
°C
0
5
10
Kg/cm²

Kipphebel betätigt. Im Heck saßen das voll synchronisierte Fünfganggetriebe und ein Selbstsperrdifferenzial. Die servounterstützten Scheibenbremsen stammten von Girling. Die extrabreiten Alufelgen mit Zentralverschluss trugen Dunlop-Reifen des Formats 205 x 14. Der Tank mit Fernentriegelung fasste 70 Liter und erlaubte in den meisten Tests nur Reichweiten von etwa 300 Kilometern. Fahrfertig brachte der 330 GTC 1420 Kilogramm auf die Waage.

Die Anziehungskraft des (auf dem kurzen Radstand von 2,40 Metern ruhenden) Wagens lag in seinem ausgewogenen Design. Seine Kompaktheit, verglichen mit dem ähnlich gestylten 330 GT 2+2, machte den Entwurf dynamischer. Wiederum von Pininfarina gezeichnet, wirkte der GTC sehr elegant. Das Interieur war raffiniert ausgestattet, das Armaturenbrett mit Edelholz beplankt. Vor dem Fahrer zwei große Rundinstrumente (Tachometer und Drehzahlmesser) und sechs kleinere Anzeigen für die Motorfunktionen. Auf der Mittelkonsole befanden sich die Regler für die serienmäßige Klimaanlage, die über drei einstellbare Düsen ihre Luft verströmte. Für zusätzlichen Luxus sorgten elektrische Fensterheber und eine heizbare Heckscheibe. Darüber lächelt man heute natürlich. Doch 1966 verkörperte der 330 GTC den luxuriösen GT-Zweisitzer par excellence. Angenehmer zu fahren als der 275 GTB, war der Wagen doch nicht minder schnell. Der 330 GTC erreichte eine Spitze von 235 km/h und durcheilte den stehenden Kilometer in 27,2 Sekunden; er bot zwar nicht die Geräumigkeit des 330 GT 2+2, zeigte sich aber wendiger und agiler. 1966 wurde der 330 GTC zum gleichen Preis wie der 2+2 angeboten und sollte vorübergehend das Konzept der zweisitzigen Luxus-Berlinetta mit hohen Fahrleistungen am Leben erhalten. Der 365 GTC/4, auf dem Genfer Salon 1971 präsentiert, war dann der letzte Vertreter dieser Spezies.

Als geistiger Nachfolger des 250 GT/L war der 330 GTC das fünfte Modell, das 1966 im Ferrari-Programm stand. Auf attraktive Weise (und auf kurzem Radstand stehend) verband er die Frontpartie des 500 Superfast mit dem runden Heck des 275 GTS.

Datenblatt 330 GTC

Motor V12, 60° Gabelwinkel
Hubraum 3967 ccm
Bohrung x Hub 77 x 71 mm
Leistung 300 PS bei 6600/min
Vergaser 3 Weber-Doppelvergaser 40 DCZ 6
Getriebe 5 Gänge + RG
Chassis Stahlrohrrahmen
Vorderachse Doppeldreieckslenker, Schraubenfedern, Teleskopstoßdämpfer, Stabilisator
Hinterachse Doppeldreieckslenker, Schraubenfedern, Teleskopstoßdämpfer, Stabilisator
Reifen 205 x 14
Leergewicht 1415 kg
Fahrleistung 235 km/h Höchstgeschwindigkeit

Unten rechts:

Von Anfang 1966 bis Ende 1968 produzierte Ferrari gut 600 Stück vom 330 GTC. Der Vierliter-V12 mit 300 PS entstammte dem 330 GT 2+2, von dem man hier Ferraris persönliches Exemplar sieht.

Stilübung

Ferrari 330 GTC Speciale

Die frühe Ferrari-Geschichte ist geprägt von maßgefertigten Einzelstücken. Diese wurden freilich weniger zahlreich, als die Karosseriebauer zunehmend von der Hancarbeit zur industriellen Produktion übergingen. Als Pininfarina die Werkstatt am Turiner Corso Tortona gegen die Fabrik in Grugliasco eintauschte, verbot sich die Herstellung von Einzelstücken, die so im Laufe der sechziger Jahre aus dem Ferrari-Kosmos verschwanden. Übrig blieben nur Stilstudien für die Salons. Die Studie, die im Januar 1967 auf dem Brüssler Salon stand, gibt heute noch Rätsel auf. Handelte es sich um einen Auftrag des belgischen Königs? Hatten König Leopold und seine Gemahlin, Prinzessin Liliane de Réthy, nicht schon oft zuvor Ferraris nach eigenem Gusto gestalten lassen? Das Herrscherpaar besaß bereits einen 250 Europa GT, vom jungen Giovanni Michelotti für die Carrozzeria Alfredo Vignale & C. entworfen, und ein elegantes 250 GT Coupé von Pinin Farina. Es ist durchaus möglich, dass der 330 GTC vom Brüsseler Salon auf einen Auftrag der Königsfamilie zurückgeht. Doch die Tatsache, dass auf Basis des Salon-GTC drei Exemplare entstanden, zieht diese These wiederum in Zweifel.

Pininfarina fertigte vier Exemplare des 330 GTC Speciale, dessen Besonderheit das eingebogene Heckfenster war, ein Detail, das aus dem Bereich der Mittelmotor-Berlinetten stammte.

Der 330 GTC Speciale zeigte im Übrigen markante Ähnlichkeiten mit dem neun Monate später auf dem Pariser Salon vorgestellten 365 GT 2+2. Die Reaktionen des Publikums bestätigten die Richtigkeit des gewählten Designwegs; die elegante Linie konnte ihre Ähnlichkeit mit anderen Pininfarina-Entwürfen nicht verleugnen. Die lange, spitze Schnauze mit den verkleideten Scheinwerfern gemahnte an die Aerodinamica-Coupés des Jahres 1962, an den 500 Superfast von 1964 und das 365 Cabriolet California von 1966; die Gestaltung des Hecks führte eine Linie fort, die mit dem Dino 206 S aus dem Jahr 1965 und bereits viel früher mit dem 1954 für Rossellini gefertigten 375 MM begonnen hatte. Die senkrecht stehende, konkave Heckscheibe aus einem Teil zog sich weit in die Dachsäulen hinein und ließ das Licht auf sehr ungewöhnliche Weise in den Innenraum fallen. Vom 330 GTC erbte der Speciale den Vierliter-V12, Typ 209, mit 60° Gabelwinkel. Die Maschine, die ursprünglich im 330 GT debütierte, leistete, mit drei Weber-Doppelvergasern 40 DZC ausgerüstet, 300 PS bei 6600 Umdrehungen. Wie der Serien-GTC besaß der Speciale unabhängig aufgehängte Hinterräder und ein mit dem Differenzial verblocktes Fünfganggetriebe. Ähnlich wie beim 275 GTB verlief die Kardanwelle in einem starren Rohr, das an vier Punkten am Chassis befestigt war, zwei davon vorne am Motor und zwei am Heck beim Getriebe; der Radstand belief sich auf 2,40 Meter.

Datenblatt
330 GTC Speciale

Motor V12, 60° Gabelwinkel
Hubraum 3967 ccm
Bohrung x Hub 77 x 71 mm
Leistung 300 PS bei 6600/min
Vergaser 3 Weber-Doppelvergaser 40 DCZ 6
Getriebe 5 Gänge + RG
Chassis Stahlrohrrahmen
Vorderachse Doppeldreieckslenker, Schraubenfedern, Teleskopstoßdämpfer, Stabilisator
Hinterachse Doppeldreieckslenker, Schraubenfedern, Teleskopstoßdämpfer, Stabilisator
Reifen 205 x 14
Leergewicht 1415 kg
Fahrleistung 235 km/h Höchstgeschwindigkeit

Das vierte Exemplar (Chassis 10241) unterschied sich in einigen Details vom ersten (Chassis 09439), das im Januar 1967 an die belgische Prinzessin Liliana de Réthy geliefert wurde.

Obwohl der Anstoß zum 330 GTC Speciale im Dunkeln bleiben muss, steht das Ergebnis in punkto Luxus und Raffinement ganz in der Tradition der Superfast-Modelle.

Das schwarze Exemplar von Brüssel (Chassisnummer 09439), das sich heute in den Garagen der königlichen Familie befindet, war das erste von vier Exemplaren. Das zweite, gleichzeitig mit dem Wagen für Prinzessin Liliana de Réthy gebaut, trat die Reise über den Atlantik an. Als Zwillingsbruder von 09439 ging Nummer 09563 an einen amerikanischen Kardiologen, Professor De Bakey. Die beiden anderen Speciale unterschieden sich in einigen Details von den früheren. Chassisnummer 10107, geordert vom italienischen Nudelkönig Barilla, verzichtete auf die ausklappbaren Zusatzscheinwerfer und die hinteren Stoßstangenhörner. Unser Fotomodell schließlich (Nummer 10241), letztes Exemplar dieser kleinen, ungeheuer exklusiven Serie, weilte lange in Kalifornien, ehe es nach Europa zurückkehrte, wo es nun umhätschelt wird.

In seiner plastischen Schönheit blieb der 330 GTC Speciale, ein weiteres Meisterstück Pininfarinas, nicht ohne Einfluss. Seine Proportionen fanden sich am 365 GT 2+2, präsentiert auf dem Pariser Salon 1967, wieder, die typische gebogene Heckscheibe sollte allerdings den Mittelmotormodellen vorbehalten bleiben.

Schön und berühmt

Ferrari 330 P4

Die Saison 1966 hinterließ bei Ferrari einen bitteren Nachgeschmack. Im dritten Jahr des Duells mit Ford mussten sich Ferraris bärenstarke P-Prototypen der Konkurrenz aus Detroit geschlagen geben, sowohl in Le Mans als auch im Kampf um den Weltmeistertitel. Angeschlagen, aber nicht ausgeknockt, rüstete sich Ferrari zur Revanche. Zu Beginn der Langstrecken-Saison 1967 stellte Maranello einen der formschönsten Prototypen aller Zeiten vor. Um den 7-Liter-Ford Paroli bieten zu können, erhöhte man die Leistung des Vierliter-V12, der die Werks-330 P3 befeuert hatte. Franco Rocchi, der auch die Maschine des neuen, beim Großen Preis von Italien 1966 erfolgreichen 312-Formel 1 entworfen hatte, wirkte an der Aktion mit. Von dem ursprünglichen Vierliter, wie er 1964 im 330 P sein Debüt gefeiert hatte, blieb außer Hubraum und dem Gabelwinkel von 60° nicht viel übrig. Insbesondere wurde der Motorblock kräftiger ausgeführt, um damit das gesamte Fahrzeug steifer zu machen. Besonders auffällig war der neue Kopf mit drei Ventilen je Zylinder – ein Auslass- und zwei Einlassventile –, die beinahe waagerecht angeordnet waren. Und schließlich wichen die Weber-Vergaser einer indirekten Niederdruck-Einspritzung von Lucas. Der leichtere und steifere Vierliter leistete, wie seine Vorgänger mit Doppelzündung ausgerüstet, 450 PS bei 8200 Umdrehungen. Ein Schwachpunkt am P3 war das ZF-Getriebe gewesen – es wurde durch eine hauseigene Fünfgangeinheit ersetzt. Aus thermischen Gründen bildeten die Bremsen mit den Achsschenkeln eine Einheit. Die Felgen bestanden weiterhin aus Leichtmetall, stammten von Campagnolo, waren goldfarben anodisiert und bildeten einen fünfarmigen Stern. Die Reifen stammten nicht mehr von Dunlop, sondern von Firestone.

Die Spurweiten wuchsen erneut. Der P4 bewahrte die Linie des Vorgängers, fiel jedoch in Breite und Länge um einige Zentimeter größer aus. Die Leichtmetallkarosserie, im Werk entworfen und bei Piero Drogos Firma Carrozzeria Sports Cars in Modena gebaut, ruhte auf einem Rahmen aus Stahlrohren und genieteten Profilen. Wie schon bei den P2 und P3 waren zwei Versionen des P4 vorgesehen, einmal mit, einmal ohne Dach. Drei Exemplare wurden hergestellt, außerdem der Prototyp, der noch ein Chassis vom P3 aus 1966 be-

BARDAHL
24
22

Vorhergehende Seite,

24 Stunden von Le Mans 1967:
Der Schweizer Karossier Franco Sbarro, damals Mechaniker bei der Scuderia Filipinetti, posiert hier neben dem 412 P von Guichet/Müller, die mit defekter Benzinpumpe in der siebten Stunde ausfielen.

saß. Ferraris Armada wurde durch die halboffiziellen Privatteams verstärkt, die ihre P3 zum neuen Typen 412 P umrüsteten. Diese auch P3/4 genannten Wagen entsprachen technisch weitgehend dem P3, bekamen aber die goldfarbenen Felgen und das Ferrari-Getriebe. Vom P4 unterschieden sie sich durch den Motor und einige Karosseriedetails. Im Dezember 1966 nahm der erste P4 in Florida an den freien Trainingsläufen für die 24 Stunden von Daytona teil; mit Chris Amon am Steuer und unter den Augen von Ingenieur Mauro Forghieri und Rennleiter Eugenio Dragoni pulverisierte der P4 Spyder alle Rekorde. Danach widmete Ferrari seine ganze Kraft der Entwicklung des P4 und verzichtete daher sogar auf die Teilnahme am Großen Preis von Südafrika, dem Formel-1-Auftakt. Die Scuderia, nun unter der Leitung des Journalisten Franco Lini stehend, kehrte am 4. Februar nach Daytona zurück, um an den dortigen 24 Stunden teilzunehmen; am Start standen zwei P4 unter Bandini/Amon und Parkes/Scarfiotti. Auch das NART-Team und die Écurie Francorchamps waren mit ihren 412 P dabei, die von Rodriguez/Guichet und „Beurlys"/Mairesse pilotiert wurden. Die Ford Mk II B fielen mit Kardanwellenproblemen aus und bereiteten so Ferrari den Weg zu einem Dreifachsieg: Bandini/Amon gingen vor Parkes/Scarfiotti und Rodriguez/Guichet durchs Ziel. Volle Konzentration galt nun dem Vortraining für Le Mans im April; dafür ließ Ferrari die 12 Stunden von

Da die Equipe Nationale Belge ihren 412 P bei den 1000 Kilometern von Spa ramponiert hatte, erbte sie einen Werks-330 P4 für die 24 Stunden von Le Mans 1967. Mit „Beurlys"/Mairesse am Steuer fuhr der rote Wagen mit gelbem Streifen, der früh einen leichten Frontschaden erlitten hatte, auf den dritten Platz.

Folgende Doppelseite:

Aufregung in der Ferrari-Box bei den 500 Meilen von Brands Hatch, dem letzten Lauf zur Marken-WM 1967. Mauro Forghieri (rechts, im weißen Hemd) führte das Team und brachte Chris Amon und Jackie Stewart im P4 Spyder auf den zweiten Platz. Dank dieser Platzierung gewann Ferrari die WM mit zwei Punkten Vorsprung auf Porsche.

Sebring sausen. Und er tat gut daran. An der Sarthe zerlegte Bandini auf dem P4 Spyder den Vorjahresrekord von Gurney auf Ford und zeigte den neuen Ford Mk IV eine lange Nase. Bei den 1000 Kilometern von Monza, wo Ford nicht teilnahm, holte sich Ferrari einen Doppelsieg. Auch ohne Ford fanden die 1000 Kilometer von Spa statt, wo ein einsamer Werks-P4 unter Parkes/Scarfiotti teilnahm. In strömendem Regen fuhr Jacky Ickx im Mirage-Ford 5,7 Liter einen überragenden Sieg heraus. Bei dem Versuch, Ickx unter Druck zu setzen, kam Mairesse im 412 P von der Piste ab und erlitt einen Totalschaden.

Aus Respekt vor Lorenzo Bandini, der am Wochenende zuvor beim Großen Preis von Monaco einen tragischen Unfalltod erfuhr, verzichtete Ferrari auf die Teilnahme an der Targa Florio am 14. Mai. Nino Vaccarella holte sich dennoch die Erlaubnis, mit Scarfiotti im P4 Spyder (Nr. 0846) bei der Targa zu fahren; doch ein Ausrutscher verdirbt dem Sizilianer das Rennen. Auch die 1000 Kilometer am Nürburgring am 28. Mai lässt Ferrari aus, so dass sich Ford und Maranello an der Sarthe Anfang Juni zum ersten echten Duell der Saison treffen. Le Mans 1967 war zum Rennen des Jahrhunderts hochgejubelt worden, und entsprechend groß war der Zuschauerandrang. An der Waage errangen die Ferrari einen ersten Punktsieg – sie waren ein gutes Stück leichter als die Ford Mk IV. Gegen acht angetretene Ford stellte Ferrari vier P4: drei Berlinetten unter Scarfiotti/Parkes, Klass/Sutcliffe und Mairesse/„Beurlys" – Letztere für die Equipe Nationale Belge von Jacques Swaters fahrend – und einen Spyder unter Amon/Vaccarella. Die Offensive der Roten unterstützten drei 330 P3/4 von den halboffiziellen Teams: NART mit Rodriguez/Baghetti, die Scuderia Filipinetti mit Guichet/Müller und schließlich das Team Maranello Concessionaires mit Attwood/Courage. Beim Training ließen es die P4 langsam an-

BOAC
SHELL
PROVA
Firestone

7
8
6
PROVA
MO-31

DUNLOP S.P.
CASTROL

Datenblatt 330 P4

Motor V12, 60° Gabelwinkel, Mittelmotor
Hubraum 3967 ccm
Bohrung x Hub 77 x 71 mm
Leistung 450 PS bei 8200/min
Benzinzufuhr indirekte mechanische Lucas-Einspritzung
Getriebe 5 Gänge + RG
Chassis Gitterrohrrahmen
Vorderachse Doppeldreieckslenker, Federbeine, Stabilisator
Hinterachse Mehrlenkerachse, Stabilisator
Reifen vorne/hinten 10,15/12,15 x 15
Leergewicht 980 kg
Fahrleistung 320 km/h Höchstgeschwindigkeit

Linke Seite:

1000 Kilometer von Spa 1967: Im strömenden Regen können weder Parkes/Scarfiotti im Werks-P4 noch Mairesse/„Beurlys" im 412 P der Ecurie Francorchamps dem mörderischen Tempo folgen, das der Belgier Ickx im Mirage-GT 40 vorlegte.

gehen; die ersten sechs Plätze gingen an fünf Ford und einen Chaparral. Im Rennen sah die Lage nach neun Stunden so aus: die Mk IV belegten die Plätze eins bis drei, dann kamen Parkes/Scarfiotti im P4. Amons P4 fehlte, denn er hatte nach einem Motorschaden in der Box Feuer gefangen. Kurz vor Rennmitte erfuhr Ford einen ersten Rückschlag: Nach einem Boxenstopp ging Mario Andretti zu schnell in die Tertre Rouge und schoss bei seinem Abflug auch noch die Markenkollegen Schlesser und McCluskey ab. An der Spitze brachten Gurney/Foyt im Mk IV das Rennen nach Hause, vor den P4 von Parkes/Scarfiotti und Mairesse/„Beurlys". Nach dem Rennen in Le Mans hatten Ferrari in der WM-Wertung 31 und Porsche 32 Punkte; Ford mit 22 Punkten war bereits abgeschlagen. Beim letzten Rennen der Saison, den BOAC International 500 in Brands Hatch am 30. Juli, ging es zwischen Ferrari, Porsche und Chaparral um den Titel. Auf diesem Kurs zählte vor allem geringes Gewicht, und die drei P4-Spyder waren mit gut vierzig Kilogramm im Vorteil. Nach Mike Parkes schwerem Unfall beim Grand Prix von Belgien musste Rennleiter Franco Lini die Teams neu zusammenstellen. Er paarte Jonathan Williams mit Paul Hawkins, Chris Amon mit Jackie Stewart und Peter Sutcliffe mit Ludovico Scarfiotti. Am Ende der 500 Meilen belegte Stewart hinter einem Chaparral den zweiten Rang – mit dem P4 hatte Ferrari sich also den zwölften Marken-Weltmeistertitel gesichert. Doch Reglementsänderungen, darunter eine Hubraumbeschränkung auf drei Liter in der Prototypen-Klasse, ließen den 330 P4 ins Abseits geraten; die erfolgreiche Laufbahn der P-Reihe mit Mittelmotor neigte sich dem Ende zu. Der hier gezeigte 330 P4 (Chassis-Nr. 0860) nahm unter Sutcliffe/Klass in Le Mans teil und bestritt nach Ende der Saison 1967 CanAm-Rennen in Amerika. Mit stark erleichterter Karosserie und einem 4,2-Liter-Motor, der 485 PS bei 8500 Touren abgab, blieb diesem P4 CanAm aber größerer Erfolg versagt. Heute steht er in einer der schönsten Ferrari-Sammlungen und besitzt wieder seine ursprüngliche Spyder-Karosserie.

Dem Andenken eines Sohnes

Ferrari
Dino 246 GTS

Die Idee eines kleineren und erschwinglicheren Gran Turismo, der Ferrari neue Käuferkreise erschließen sollte, nahm auf dem Pariser Salon des Jahres 1965 zum ersten Mal konkrete Formen an. Dort zierte den Pininfarina-Stand der Dino 206 GT Speciale, eine Studie zum Thema „kleiner" Ferrari. Der Prototyp besaß den für den 206 S der Saison 1966 konzipierten V6-Motor mit vier oben liegenden Nockenwellen, der direkt von dem Formel-1-Anderthalbliter abgeleitet war, mit dem Phil Hill 1961 Weltmeister geworden war; optisch konnte die Studie ihre Nähe zum P2-Prototypen nicht verleugnen. Der Name Dino verwies auf Alfredo, den im Juni 1956 verstorbenen Sohn des Commendatore, und hatte erstmals einen Formel-2-Monoposto geschmückt, der als erster Ferrari über einen V6-Motor verfügt hatte – eine Idee des Sohnes. Seither hatten alle V6- und V8-Autos aus Maranello auf diese Bezeichnung gehört.

Die Karosserielinie des Mittelmotor-Dino, extrem flach gehalten, sollte später für die stilistische Weiterentwicklung auch der großen Modelle maßgebend sein. Neben dem weit nach vorne gerückten Cockpit fiel vor allem die senkrecht stehende, stark gekrümmte Heckscheibe ins Auge; dieses Detail besaß etwas später auch der 330 GTC Speciale, der für Prinzessin de Réthy gebaut wurde. Die futuristischen Linien der Studie des Salons 1965 tauchten nur wenig abgemildert am Dino Berlinetta GT wieder auf, der auf dem Turiner Salon 1966 erst-

Aus dem Rennsport erbte der Dino 246 GT, Weiterentwicklung des 206 GT, die Auslegung als Mittelmotorwagen.

Datenblatt Dino 246 GTS

Motor V6
Hubraum 2418 ccm
Bohrung x Hub 92,5 x 60 mm
Leistung 195 PS bei 7600/min
Vergaser 3 Weber-Doppelfallstromvergaser 40 DCF
Getriebe 5 Gänge + RG
Chassis Stahlrohrrahmen
Vorderachse Trapezlenker, Schraubenfedern, Teleskopstoßdämpfer, Stabilisator
Hinterachse Trapezlenker, Schraubenfedern, Teleskopstoßdämpfer, Stabilisator
Reifen 185 HR 14
Leergewicht 1080 kg
Fahrleistung 230 km/h Höchstgeschwindigkeit

Der V6-Motor des Dino wurde bei Fiat in Turin hergestellt.
Das Aggregat maß 2418 ccm, leistete 195 PS bei 7600 Umdrehungen und bot ein maximales Drehmoment von 23 mkg bei 5000 Touren.

mals vorgestellt wurde. Im Vergleich zum Prototypen fielen die Dimensionen kompakter aus, ansonsten gab es nur Modifikationen, die dem Alltag Tribut zollten: Stoßstangen und in die Kotflügel eingelassene, verkleidete Scheinwerfer. Zum Thema Dino gab es ein verwirrendes Abkommen mit Fiat: auf dem selben Salon zeigte der Turiner Gigant das Dino Cabriolet, ebenfalls mit Karosserie von Pininfarina. Hintergrund war ein Abkommen zwischen Ferrari und Fiat, demzufolge der Dino-V6 bei Fiat hergestellt werden sollte; im Gegenzug sollte Fiat mit dieser Maschine einen eigenen Sportwagen ausrüsten, mit dem man rasch die 500 Exemplare erreichen konnte, die für die Homologation des Motors und damit von Ferraris Formel-2-Wagen nötig waren – das Formel-2-Triebwerk war direkt vom Motor des Dino 206 GT abgeleitet. Dank dreier Weber-Vergaser vom Typ 40 DCF, eines Spezialauspuffs und weiterer feiner Details leistete der Zweiliter in Serienform nicht weniger als 180 PS bei 8000 Touren. Der V6 ruhte auf vier Silentblocs und da er quer eingebaut war, ließ sich der Radstand kurz halten. Das Chassis, das in Maranello gefertigt wurde, vertraute auf vier einzeln aufgehängte Räder, Schraubenfedern und koaxiale Teleskopstoßdämpfer. Über zwei Bremskreise wurden vier innen belüftete Bremsscheiben betätigt, die 14 Zoll messenden Felgen trugen Michelin XWX-Reifen. Noch vor den ersten Auslieferungen, die im Übrigen erst im Frühjahr 1969 erfolgten, erfuhr die Karosserie einige Retuschen: die Windschutzscheibe war stärker geneigt, das Heck straffer gezeichnet, die Motorhaube höher. Die Karosserien entstanden bei Scaglietti in Modena und bestanden

Es ist schwer, sich der Anziehungskraft des Dino zu entziehen. Wer noch nie einen Mittelmotorwagen gefahren war, musste vom Fahrerlebnis, das der Dino 246 GT bot, begeistert sein. 1972 wurde der GTS mit abnehmbarem Dach präsentiert.

aus Aluminium. Mit seinem geringen Gewicht war der Dino 206 GT lustvoll zu fahren – und schnell: die Spitze lag bei 230 km/h, für den Sprint auf 100 benötigte der Wagen nur 7,2 Sekunden. Dennoch war diesem Typ nur ein kurzes Leben beschieden: Nach 152 Exemplaren kam Ende 1969 der Nachfolger in Gestalt des 246 GT auf den Markt. Äußerlich unverändert, mit Ausnahme der Tankklappe auf der linken Wagenseite, wuchs der Radstand wieder auf die 234 cm des ersten Prototyps aus dem Jahre 1966. Der Motor indes wuchs, wie die Bezeichnung 246 ja schon andeutet, dank einer Vergrößerung sowohl der Bohrung als auch des Hubs auf 2418 ccm. Die Leistung stieg auf 195 PS bei 7600 Umdrehungen. Ganz auf Schnelligkeit ausgelegt, mit flacher Karosserie und Mittelmotor, war der Dino 246 GT zu Beginn der siebziger Jahre der technisch fortgeschrittenste und effizienteste Sportwagen, den es zu kaufen gab: der Prospekt scheute sich nicht, das Motto „fast ein Ferrari" auszugeben. Wer noch nie einen Mittelmotorwagen gefahren hatte, dem offenbarte der Dino eine neue Welt. Doch der relativ hohe Preis stand einer größeren Verbreitung im Wege. Um den lahmenden Verkäufen neues Leben einzuhauchen, schuf Ferrari 1972 die GTS-Version mit abnehmbarem Targa-Dach zur Erhöhung des Fahrvergnügens. Im Juni 1974 ging der Dino nach 3661 gefertigten Einheiten in Rente: den 2487 Coupés gesellten sich 1274 GTS zu.

Als erster Ferrari mit Mittelmotor bereitete der Dino der neuen Zwölfzylinder-Generation des Hauses, die ähnlichen Konstruktionsprinzipien folgte, den Weg.

Hollywood Darsteller

Ferrari 365 GTS/4

Die Ankunft eines so fortschrittlichen Konkurrenten wie des Lamborghini Miura hatte fraglos die Entwicklung des 275 GTB/4-Nachfolgers erheblich beschleunigt. Schon als dieses Modell auf den Markt kam, hatte Ferrari eine präzise Vorstellung von dessen Folgemodell. Und schon im Winter 1967 konnte man den ersten Prototyp auf Testfahrt um Maranello erwischen. Das Erstaunen, dass auch der Neuling noch den Motor vorne hatte, wich bald der Ungeduld und der Begehrlichkeit. Der Prototyp zeigte sich formal noch stark vom 275 GTB/4 inspiriert, dessen Schnauze er besaß; doch bis zur offiziellen Vorstellung des 365 GTB/4 auf dem Pariser Salon 1968 sollte sich das noch ändern. Der Erfolg stellte sich umgehend ein. Die gut aufgelegte Presse taufte die neue Berlinetta auf den Namen Daytona, zu Ehren des Triumphes, den die P4-Prototypen bei den 24 Stunden von Daytona 1967 eingefahren hatten.

Pininfarina war mit der Formgebung betraut worden und hatte wiederum ein Meisterwerk auf die Räder gestellt, das die traditionellen Züge der Berlinetta zu einem letzten Höhepunkt führte. Die Linienführung war flüssig und leicht und verzichtete auf aerodynamische Hilfsmittel. Die Aggressivität des Entwurfes betonten die lange Motorhaube, die spitze Schnauze, die die Luft gleichsam aufzuschlitzen schien, und das kompakte, weit nach hinten gerückte Cockpit. Der 365 GTB/4 verströmte eine Aura von brachialer, Respekt

Das „Daytona" Cabriolet bewahrte die originelle Grundlinie der Berlinetta. Auf dem Pariser Salon 1969 zeigte Pininfarina dieses Einzelstück mit Hardtop.

heischender Gewalt und schien Blech gewordene Geschwindigkeit darzustellen. Besonders originell am Daytona: das Plexiglasband, das die Scheinwerfer abdeckte.
Doch der 365 GTB/4 bot nicht nur eine neue (im Windkanal des Turiner Polytechnikums gereifte) Karosserie, auch beim Motor handelte es sich um eine Neuheit. Die Maße für Bohrung und Hub entsprachen der Maschine des 365 GT vom Typ 245, doch besaß der Daytona vier oben liegende Nockenwellen und eine Trockensumpfschmierung. Der 4,4-Liter-Motor Typ 251 wies sechs Weber-Vergaser 40 DCN 20 auf und entwickelte bei 7500 Touren die Kleinigkeit von 352 PS, das Drehmomentmaximum lag bei 44 mkg und fiel bei 5400 Umdrehungen an.
Das Chassis des Daytona folgte dem 275 GTB/4 und bot unabhängig aufgehängte Hinterräder und ein mit dem Differenzial verblocktes Getriebe. Obwohl die klassischen Borrani-Speichenräder als Option geordert werden konnten, markierte der Daytona doch den Übergang zu einer neuen Ära, denn serienmäßig verfügte er über Cromodora-Leichtmetallfelgen im Formel-1-inspirierten, fünfspeichigen Sterndesign. Als erster Straßen-Ferrari erhielt der Daytona Michelin-Reifen mit auf den Weg. Sicherer und kräftiger als sein Vorgänger, hinterließ die neue Berlinetta einen nachhaltigen Eindruck. Während die ersten Auslieferungen im Frühjahr 1969 erfolgten, arbeitete Ferrari in aller Heimlichkeit an einer ersten Variante des Daytona. Und was für einer! Wie zuvor im Falle des 275 NART Spyder war man sich in Maranello der Wichtigkeit einer Cabrio-Version für den reichen amerikanischen Markt bewusst. Und so wurde im September 1969 auf der Frankfurter IAA

Mit 121 produzierten Exemplaren war dem 365 GTS/4 zumindest in Europa nur ein mäßiger Erfolg beschieden. Erst über zwanzig Jahre später brachte Ferrari wieder ein Cabriolet mit Zwölfzylinder-Frontmotor.

Der 4,4-Liter-V12 mit Trockensumpfschmierung und 6 Weber-Vergasern leistete 352 PS und machte das Cabriolet 250 km/h schnell. Der 365 GTS/4 zählte zu den exklusivsten und aufregendsten Sportwagen seiner Zeit.

Datenblatt 365 GTS/4

Motor V12, 60° Gabelwinkel, längs montiert
Hubraum 4390 ccm
Bohrung x Hub 81 x 77 mm
Leistung 352 PS bei 7500/min
Vergaser 6 Weber-Doppelfallstromvergaser 40 DCN 20
Getriebe 5 Gänge + RG
Chassis Stahlrohrrahmen
Vorderachse Trapezlenker, Schraubenfedern, Teleskopstoßdämpfer, Stabilisator
Hinterachse Trapezlenker, Schraubenfedern, Teleskopstoßdämpfer, Stabilisator
Reifen 215/70 VR 15
Leergewicht 1580 kg
Fahrleistung 255 km/h Höchstgeschwindigkeit

der Daytona Spyder nachgereicht. Gelb lackiert und mit einem schwarzen Streifen auf den Flanken erregte der Wagen erhebliches Aufsehen, und die Amerikaner bekamen „ihren“ besonderen Spyder in der Tradition des 250 GT California. Doch die Zeiten waren gegen den Spyder, die Zulassungsprozeduren für offene Autos in den USA äußerst schwierig. Die Produktion des 365 GTS/4 kam erst 1971 in Gang; wie die Berlinetta ab 1971, so erhielt auch der Spyder elektrisch ausklappbare Doppelscheinwerfer, deren Verkleidungen in Karosseriefarbe gehalten waren. 141 Exemplare des Daytona Spyder wurden hergestellt, von denen die allermeisten in die USA gingen. So auch Chassis Nummer 16949, von uns in seiner heutigen Schweizer Heimat fotografiert. 16949 besitzt, wie die Mehrzahl seiner Geschwister, die Borrani-Räder und darüber hinaus Klimaanlage, Radio und einen Tacho mit Meilen-Skala. Der 365 GTS/4 war das Letzte in einer Reihe sehr exklusiver Cabriolets und wurde seinerzeit doch wenig geliebt. Das bestätigte uns auch Daniel Marin, der französische Importeur: „Ein Exemplar stand bei uns fast ein ganzes Jahr lang im Showroom. Ich redete mir den Mund fusselig, um den Wagen an einen Stammkunden zu verkaufen, und war maßlos erleichtert, dass ich den Wagen, den keiner haben wollte, los war. Jahre später kam der Kunde zu mir und gratulierte mir zu meiner Weitsicht, denn er hatte den Spyder für eine horrende Summe weiter verkauft.“ Der Ferrari-Run Ende der achtziger Jahre bescherte dem Daytona Spyder ein glänzendes Comeback.

Das Open-Air-Gefühl
war nur einer der Vorzüge des 365 GTS/4, denn in punkto Sportlichkeit musste man im Vergleich zur Berlinetta keinerlei Abstriche machen.

Der diabolische Daytona

Ferrari 365 GTB/4 Competizione

Zu Beginn der siebziger Jahre war Ferraris Engagement in der GT-Klasse nur mehr eine ferne Erinnerung. Jetzt widmete sich Enzo Ferrari der Formel 1 und den Sportwagen. Daran sollte auch der neue Daytona nichts ändern; freilich hatte man in Maranello den Enthusiasmus einiger Hartgesottener unterschätzt, die Ferrari überredeten, einige Daytona für den Renneinsatz zu präparieren. Luigi Chinetti spielte hierbei den Vorreiter, hatte er doch bereits 1969, nur wenige Wochen nach der Präsentation des Daytona, sein NART-Team in Le Mans mit einem Daytona antreten lassen, dessen seriennahe Karosserie aus Aluminium bestand. Leider konnte der Wagen unter Ricardo Rodriguez nicht am Rennen teilnehmen, denn im Training stieß er mit einem Dino vom selben Team zusammen! Auch 1970, als das Duell Porsche 917-Ferrari 512 seinen Höhepunkt fand, stand kein Daytona in Le Mans am Start. 1971 fuhr dagegen ein schon sehr professionell präparierter Daytona an der Sarthe und erreichte unter „Coco" Chinetti/Bob Grossman einen hervorragenden fünften Platz und den Klassensieg.

In Maranello war dieser Erfolg nicht unbemerkt geblieben, und die bevorstehende Homologation des Daytona für die GT-Klasse schien viel versprechende Resultate zu verheißen. Mit der Unterstützung zweier weiterer Importeure, Filipinetti aus der Schweiz und Pozzi aus Frankreich, hatte Chinetti Senior die Partie gewonnen. Die Präparation der Daytona Competizione unternahm Gaetano Florini, der Leiter der Abteilung „Assistenza Clienti", in Modena. Fünf Wagen wurden zunächst gebaut. Vom Serien-Daytona unterschieden sich diese Autos durch ihre Aluminium-Karosserie mit Hauben aus Fiberglas und Plexiglasscheiben sowie durch die Kotflügelverbreiterungen, die Raum für die vorne 8 und hinten 9 Zoll breiten Felgen schufen. Allen Zierrats und Dämmmaterials beraubt, sank das Gewicht der Competizione von 1450 auf etwa 1200 Kilogramm. Motorseitig beschränkten sich die Modifikationen auf eine Hochdruck-Luftzuführung auf der Einlassseite, Änderungen an Einlass- und Abgaskrümmern und eine besonders exakte Montage der Maschine. Für eine noch bessere Straßenlage sorgte eine geänderte Kennung der Stoßdämpfer, härtere Federn und die tiefer gelegte Karosserie. Die im Übrigen unveränderten Bremsen kamen in den Genuss einer speziellen Bremsflüssigkeit und verbesserter Kühlluftströme.

Im Spätsommer 1971 wurde der erste Competizione – Chassis Nummer 14407 – an Pozzi ausgeliefert – rechtzeitig, um im September,

Oben:

Rudelbildung um Chassisnummer 14407, mit dem Rouveyran/Migault bei der Tour de France 1972 den zweiten Platz herausfuhren. In Le Mans 1973 sorgte Chassis 16363 (links) unter Elford/Ballot-Léna für einen erneuten Sieg in der GT-Klasse.

Oben:

Tour de France 1972.
Vic Elford liefert sich im Daytona der Scuderia Filipinetti in Rouen ein hartes Duell mit Jean-Claude Andruet. Am Ende hatte der Franzose mit Beifahrerin „Biche" die Nase vorn.

gemeinsam mit Nummer 14437, die an die Scuderia Filipinetti gegangen war, an der automobilen Tour de France teilzunehmen. Alle Chancen auf einen Klassensieg wurden allerdings dadurch zunichte gemacht, dass die Competizione gezwungen waren, in der Gruppe 5 gegen die starken Matra 650- und Ferrari 512M-Prototypen anzutreten. Die Zulassung für die Gruppe 4 – modifizierte GT – war Ferrari versagt geblieben: das Gewicht wich vom Serien-Daytona einfach zu sehr nach unten ab. In der Folge erhielten die Competizione normale Glasscheiben, und die Homologation für die Gruppe 4 erfolgte zum 1. Januar 1972.

Inzwischen wurde eine zweite Serie von fünf Wagen für die großen Importeure gefertigt, die weitere Modifikationen erfuhren: die Karosserien bestanden nunmehr aus Stahl, die hinteren Felgen wuchsen auf eine Breite von 11 Zoll. Angesichts des guten Abschneidens des NART-Wagens im Vorjahr war ein Klassensieg in Le Mans Pflicht – unter den verschiedenen Teams herrschte eine gewaltige Konkurrenz. Nicht weniger als neun Competizione standen dann am Start; am Ende hatte der blau-weiß-rote Pozzi-Wagen (Nr. 15667) die Nase vorn und belegte unter Jean-Claude Andruet/Claude Ballot-Léna den fünften Gesamtrang und den ersten Platz in der GT-Klasse. Nach diesem sehr guten Abschneiden an der Sarthe meldeten Charles Pozzi und Daniel Marin für die Tour de France gleich zwei Wagen; erklärtes Ziel war, in Abwesenheit der Prototypen, der Gesamtsieg. Zunächst lag Vic Elford in einem Filipinetti-Daytona in Führung, hart bedrängt von Andruet und Beifahrerin „Biche". Schließlich kam Elford im elsässischen Nebel von der Strecke ab und musste dem in den Farben der Firma Thomson, Rot und Weiß, lackierten Pozzi-Auto (Nr. 15667) das Feld überlassen. Dieser Erfolg bewog das Werk, eine drit-

Datenblatt 365 GTB/4 Competizione

Motor V12
Hubraum 4390 ccm
Hub x Bohrung 81 x 77 mm
Leistung 450 PS bei 7500/min
Vergaser 6 Weber-Doppelfallstromvergaser 40 DCN 20
Getriebe 5 Gänge + RG
Chassis Stahlrohrrahmen
Vorderachse Trapezlenker, Schraubenfedern, Teleskopstoßdämpfer, Stabilisator
Hinterachse Trapezlenker, Schraubenfedern, Teleskopstoßdämpfer, Stabilisator
Reifen vorne/hinten 9,00/11,00 x 15
Leergewicht 1350 kg
Fahrleistung 300 km/h Höchstgeschwindigkeit

te Fünferserie von Competizione für die Saison 1973 zu präparieren. Diese Serie zeigte sich dank der Verwendung von Spezialkolben und -nockenwellen sowie Sonderpleueln auf gut 450 PS erstarkt. Mit den weiter verbreiterten Radhäusern sah der Daytona Competizione der Serie 3 wahrhaft monströs aus. Die vergrößerten Bremsscheiben boten Raum für kräftigere Beläge. Jüngsten Tendenzen im Rennsport folgend, besaßen die Aufhängungen Uniball-Gelenke, die Stabilisatoren an Front und Heck zeigten sich verstärkt. An den beiden Tankverschlüssen am Heck leicht erkennbar, schienen diese Autos gerüstet, der erstarkten Konkurrenz Paroli zu bieten und den Titel erfolgreich zu verteidigen. Unser Fotoexemplar mit der Chassisnummer 16363 wurde im ersten Quartal 1973 an das Pozzi-Team geliefert und bestritt unter Andruet/Wollek die 4 Stunden von Le Mans am 1. April 1973. Die Jubiläumsausgabe der 24 Stunden von Le Mans im Frühsommer, die ihr fünfzigstes Jubiläum feierten, stand ganz im Zeichen der Duelle Matra-Ferrari bei den Sportwagen und Ferrari-Porsche in der GT-Klasse. Wiederum standen neun Daytona am Start. Weit hinter den Gefechten, die sich die führenden Spyder lieferten, gelang es Claude Ballot-Léna und Vic Elford im Pozzi-Daytona mit der Startnummer 39, die Konkurrenz der Porsche Carrera RSR und der Schwesterautos in Schach zu halten, und in dieser 41. Ausgabe des Klassikers die GT-Klasse zu gewinnen. Unser Daytona – Nummer 16363 –, inzwischen im Besitz eines englischen Sammlers, tauchte unlängst bei der historischen Tour de France und in der Shell Ferrari Challenge wieder auf. Ende 1973 markierte das Erscheinen des BB das Ende des Daytona Competizione-Programms. Damit schloss sich die Ära der Frontantriebs-Berlinetten im Rennsport.

Das Rallye Abenteuer

Ferrari 308 GTB Gruppe 4

Wer hätte sich 1975, als der 308 GTB auf dem Pariser Salon Premiere feierte, vorstellen können, dass dieses Auto dereinst im Rallyesport fröhliche Urstände erleben sollte? Kaum einer. Und dennoch sollte genau dies 1981 geschehen. Doch ehe wir diese Geschichte erzählen, hinter der die Hartnäckigkeit von Daniel Marin, Jean-Claude Andruet und Giuliano Michelotto stand, beleuchten wir kurz die Genese des 308 GTB. Dieser neue „kleine" Ferrari stand in Gelb auf dem Ferrari-Stand in Paris und trat die Nachfolge des im Vorjahr eingestellten Dino 246 GT an. Stilistisch wirkte der 308 GTB wie ein Berlinetta Boxer im Kleinformat und setzte den mit dem Dino eingeführten stilistischen Kanon fort; freilich waren die Linien etwas gestreckter und in der abfallenden Fronthaube verbargen sich Klappscheinwerfer. Vom BB erbte der Neuling die seitliche Sicke, welche die zarten Stoßfänger gleichsam optisch fortführte. Die von Pininfarina entworfene Karosserie wurde bei Scaglietti in Modena gefertigt und bestand zunächst, eine Neuheit, aus Kunststoff. Beim Motor handelte es sich um den auch im 308 GT 4 verbauten Achtzylinder mit 90° Gabelwinkel, quer eingebaut zwischen Cockpit und Hinterachse. Der V8 leistete zwar, wie im GT 4, 255 PS bei 7700 Umdrehungen, besaß aber eine Trockensumpfschmierung. Dank seines im Vergleich zum Dino um 50 Kilogramm niedrigeren Gewichts und des kürzeren Radstandes fuhr sich der 308 GTB extrem handlich. Die ersten Testberichte in der Motorpresse wurden nicht müde, die Handlichkeit und die sportliche Kurvenlage lobend zu erwähnen. Das sportliche Potenzial blieb auch den Ingenieuren in

PIONEER
PIONEER
PIONEER
TOTAL
SIEM
1762 JY 92
SIEM
TOTAL

R.P.M. x 1000
4:1
1
2
3
4
5
6
7
8
9
10
11
12
40
50
70

Maranello nicht verborgen, die 1976 eine 308 GTB 4 genannte Sportversion entwickelten und auf der hauseigenen Teststrecke in Fiorano ausgiebig erprobten. Jenseits der Alpen entdeckte Rennfahrer Jean-Claude Andruet die Tugenden des 308 GTB. Eine Testfahrt wurde zur Offenbarung: „Endlich hatte ich das ideale Rallye-Auto. Über 300 PS, knapp 1000 Kilogramm. Ein echter Sportwagen, wie ich ihn mir immer gewünscht hatte. Mittelmotor und Einzelradaufhängung: der 308 GTB lief wie die Alpine und die Lancia Stratos, lag aber besser. Darüber unterhielt ich mich mit Daniel Marin und Gaetano Florini." Dass der 308 Ende 1976 für die Gruppe 4 homologiert wurde, bestärkte Andruet in seinen Rallye-Absichten. Dann schlief das Projekt aber ein... aber nur vorübergehend. 1980 präparierte Giuliano Michelotto, ein junger Tuner aus Padua, einen 308 GTB für die Italienische Rallyemeisterschaft. Obwohl die ersten Erfolge recht bescheiden ausfielen, durfte Jean-Claude Andruet den Michelotto-Wagen bei der Targa Florio chauffieren. Wenige Sonderprüfungen vor dem Ende der Rallye lag der GTB in Führung, als ein Brandschaden alle Chancen zunichte machte. Doch dieser Beinahe-Sieg führte zu einem Rallyeprogramm für die Saison 1981. Wie schon im Falle des Daytona Competizione waren Daniel Marin und Charles Pozzi die treibende Kraft hinter dem Projekt. Miche-

Tour de France Automobile 1982. Bei den Sonderprüfungen kann Jean-Claude Andruet seinen Vorsprung halten und fährt als Sieger in Nizza ein – der dreizehnte Ferrari-Erfolg bei der Tour.

Von dem Italiener Michelotto entwickelt, erwies sich der 308 GTB Gruppe 4 als veritable Rallye-Waffe. Ein Musterbild von Ausgewogenheit und Effizienz, profitierte der Wagen von seinem ausgesprochen günstigen Leistungsgewicht.

PIONEER
PIONEER
CH. POZZI
TOTAL
TOTAL

Linke Seite oben:

Es brauchte schon das Geschick eines Jean-Claude Andruet, um das Potenzial des 308 GTB voll ausschöpfen zu können. Hier fliegt der bescheidene Franzose einem seiner brillanten Siege der Saison 1982 entgegen.

lotto besorgte die Präparation und die Entwicklung, Ferrari kümmerte sich um Ersatzteile und Pflege und leitete das Ganze. Von den sechs Rennen der Saison 1981 gewann Jean-Claude Andruet nicht weniger als vier: die Targa Florio, die Rallye Quatre Régions, die 24 Stunden von Ypern und nicht zuletzt erneut die Tour de France für Automobile. Einziges Problem dabei: eine defekte Wasserpumpe ließ die Kühlmitteltemperatur auf bis zu 140 Grad ansteigen!

„Die übrigen Rennen habe ich wegen Kleinigkeiten verloren: Reifenschaden an der Costa Brava, schlechter Sprit in Madére, ein defekter Benzinfilter auf Korsika und ein Ausritt im Hunsrück. Aber die Zuverlässigkeit und die Überlegenheit des Autos standen zu keiner Zeit in Frage."

Neu für die Saison 1982 waren die Bosch K-Jetronic und eine elektronische Zündung. Mit jetzt 310 PS bei 960 Kilogramm Gewicht erreichte der 308 GTBi, nunmehr in den Farben der Firma Pioneer antretend, unter Andruet/„Biche" den zweiten Platz bei der Targa Florio und der Tour de Corse, sorgte aber auch für den 13. Ferrari-Sieg bei der Tour de France. Ein zweiter Wagen unter Guy Chasseuil und Gattin kam von der Strecke ab und schied aus. Zum Saisonende markierte der Sieg beim Cevennen-Kriterium das Ende der ersprießlichen Zusammenarbeit zwischen Andruet und Ferrari. Das für 1983 geänderte Regelwerk der Französischen Rallyemeisterschaft schloss praktisch alle bekannten und begabten Fahrer aus. Daher ließ Daniel Marin den 308 GTBi unter Francis Vincent antreten, der immerhin die Rallye Mont-Blanc gewann. Am Ende der Saison läutet die Installation der Gruppe B das Totenglöcklein für die sportliche Laufbahn des 308. Aber die doch recht beachtlichen sportlichen Erfolge trugen bestimmt zum kommerziellen Erfolg des Modells bei: als der Nachfolger 328 eingeführt wurde, hatte Ferrari binnen zehn Jahren seine Produktion verdreifacht; zwei Drittel der 308-Zahlen entfielen auf die Version GTS.

Datenblatt
308 GTB Gruppe 4

Motor V8, 90° Gabelwinkel
Hubraum 2926 ccm
Leistung 310 PS bei 8000/min
Benzinzufuhr indirekte Bosch-Einspritzung
Getriebe 5 Gänge + RG
Chassis Stahlrohrrahmen
Vorderachse Trapezlenker, Schraubenfedern, Teleskopstoßdämpfer, Stabilisator
Hinterachse Trapezlenker, Schraubenfedern, Teleskopstoßdämpfer, Stabilisator
Leergewicht 1000 kg
Fahrleistung 220 km/h Höchstgeschwindigkeit

Rennatmosphäre im Innenraum des 308 GTB Gruppe 4: spärliche Instrumentierung, Trip-Master, eine Heerschar von Sicherungen, Alu-Fußstützen, Schalensitze... nur das Nötige war vorhanden.

12-Zylinder-„Boxer"

Ferrari BB 512i

Nur langsam und unter dem Druck von motorsportlichen Sachzwängen wandte sich Ferrari dem Mittelmotorkonzept zu. In der Formel 1 erfolgte der Umschwung 1960, als beim Großen Preis von Monaco der Dino 246/F1 sein großartiges Debüt feierte. In der Sportwagenklasse ließ der Mittelmotor noch ein Jahr auf sich warten, bis endlich der Dino 246 mit V6 das Licht der Welt erblickte. Von Carlo Chiti entwickelt, bot der neue Sportwagen auch Neuerungen auf dem Felde der Aerodynamik und den ersten Heckspoiler. Das bei Ferrari praktizierte Prinzip, dass Entwicklungen aus dem Rennsport den Serienmodellen zugute kommen sollten, trug 1963 Früchte, als auf dem Pariser Salon die 250 Berlinetta Le Mans präsentiert wurde. Weithin als erster Mittelmotor-Ferrari für die Straße betrachtet, war der 250 LM doch nichts anderes als ein dünn verkleideter Rennwagen, der in der GT-Klasse den 250 GTO beerben sollte. Auf den ersten Serien-Ferrari mit Mittelmotor mussten die Kunden noch sehr lange warten. Selbst die Vorstellung des revolutionären Lamborghini Miura 1966 konnte den Gärungsprozess nicht wesentlich verkürzen. Erst im November 1971 vollzog Ferrari den ersehnten Kurswechsel und zeigte auf dem Pininfarina-Stand in Turin den Prototyp des Berlinetta Boxer. Der BB basierte stilistisch auf dem 1968 auf dem Turiner Salon präsentierten P6 von Pininfarina, und bot als Besonderheit einen rennsporterprobten Zwölfzylinder-Boxermotor. Der Boxer- oder – technisch korrekt – Flachmotor war in den Ferrari-Monoposti bereits seit 1965 in Verwendung, 1969 fand man einen solchen Zweilitermotor im 212 E, der damit die Europäische Bergmeisterschaft gewann, und als Dreiliter sah man ihn im 312 B-Formel 1 sowie im 312 PB, der 1972 die Markenweltmeisterschaft nach Maranello holte. Niedrig – nur 1,12 Meter betrug die Höhe – und schlank, brach der BB mit den stilistischen Ansätzen aller anderen Ferrari-Modelle und insbesondere des Daytona. Dennoch wirkte seine Aggressivität nicht überreizt. Originell an Pininfarinas Entwurf war vor allem die mattschwarz lackierte untere Hälfte der Karosserie, die durch eine Sicke vom Oberteil abgegrenzt war. Der bei Scaglietti gebaute

Letzte Entwicklungsstufe des 1974 eingeführten Berlinetta Boxer war der BB 512i aus dem Jahre 1981; als letztes Ferrari-Modell erhielt der BB eine Benzineinspritzung, welche die Leistung auf 340 PS sinken ließ.

Berlinetta Boxer wurde ausgiebigen Windkanaltests unterzogen und unterschied sich in seiner Konstruktion, mit Ausnahme der Verwendung eines Rohrrahmens, stark vom Daytona: die Fahrgastzelle bestand aus Stahl, der Vorderwagen aus verstärktem Kunststoff, die beweglichen Teile aus Leichtmetall. Anziehend am BB war neben der Karosserie auch der längs montierte Motor: der Zwölfzylinder-Flachmotor war überquadratisch ausgelegt (81 x 77 mm) und bestand aus Leichtmetall mit gegossenen Laufbuchsen. Vier zahnriemengetriebene, oben liegende Nockenwellen betätigten je zwei Ventile pro Zylinder. Eine Batterie von vier Weber-Dreifachvergasern und zwei Benzinpumpen besorgte die Spritzufuhr. Bei einer Verdichtung von 8,8:1 leistete das BB-Triebwerk 380 PS bei 7200 Umdrehungen; das Drehmoment belief sich auf 44 mkg bei 3900 Touren. Im Heck verbarg sich das hauseigene Fünfganggetriebe mit ZF-Synchronisierung samt Selbstsperrdifferenzial. Die Räder waren natürlich, über Doppel-Dreieckslenker, Schraubenfedern und Stabilisatoren, rundum unabhängig aufgehängt. Die Ate-Bremsanlage bestand aus vier innen belüfteten Scheiben. Die gierige Kundschaft musste sich allerdings noch bis zum Frühjahr 1974 gedulden, als die ersten, nun offiziell 365 GT4 BB genannten Wagen ausgeliefert wurden. Mit seiner perfekten Gewichtsverteilung war der BB wesentlich sportlicher zu fahren als der

Daytona, wenn er auch kaum kräftiger war. Der Fortschritt offenbarte sich in der Mühelosigkeit, in der hohe Tempi erreicht und gehalten werden konnten. Nach zwei Jahren und 387 Exemplaren wich der 365 GT4 BB seinem Nachfolger, dem BB 512. Auf dem Pariser Salon im Oktober 1976 präsentiert, war der Neuling der erste Straßen-Ferrari, bei dem die Typenbezeichnung nicht mehr den Inhalt eines einzelnen Zylinders wiedergab. Trotz der Hubraumvergrößerung auf fünf Liter sank die Nennleistung, aber das Drehmoment lag etwas höher als beim Vorgänger. Konstruktiv bot die neue Maschine als einzige Innovation eine Trockensumpfschmierung. Um den Fahrkomfort zu steigern, spendierte man dem BB 512 ein verbessertes Getriebe, eine Zweischeiben-Kupplung und eine längere Achsuntersetzung. Das Fahrwerk erfreute durch neu dimensionierte Dreieckslenker für geringere Seitenneigung, durch dickere Stabilisatoren und durch eine vergrößerte vordere Spurweite, was die Verwendung unterschiedlicher Reifenformate vorne und hinten ermöglichte. Erkennbar war der fahrdynamisch optimierte Neue an den NACA-Lufteinlässen, dem Frontspoiler, den zwei Doppelauspuff-Endrohren und den insgesamt vier runden Heckleuchten – wie sie der erste Prototyp besessen hatte. Nach 929 Exemplaren nahm auch diese Version den Hut. Auf der IAA im September 1981 stand der Nachfolger mit Bosch K-Jetronic parat. Tatsächlich war der BB 512i das letzte Modell im Ferrari-Programm, das die Einspritzung erhielt. Die Hardliner trauerten um weitere 20 verlorene PS und eine um 10 km/h reduzierte Spitze. Dennoch zählte die dritte und letzte Variante des BB zu den begehrenswertesten Sportwagen ihrer Zeit. Komfortabler als seine Vorgänger, wartete der BB 512i mit einem neuen Innenraum auf, wo es das traditionelle Connolly-Leder auf Wunsch auch mit Einlagen aus feinstem Wollstoff gab, der exklusiv von Ermenegildo Zegna entworfen wurde und in seinem Dessin an die ersten 275 GTB erinnerte. Trotz der gesunkenen Leistungswerte avancierte der BB 512i mit 1007 Exemplaren zum meistverkauften Modell der Serie. Überraschenderweise wurde der Wagen im Frühjahr 1984 aus der Produktion genommen, lange bevor sein Nachfolger Testarossa auf den Markt kam.

Datenblatt BB 512i

Motor Zwölfzylinder-Flachmotor
Hubraum 4942 ccm
Bohrung x Hub 82 x 78 mm
Leistung 340 PS bei 6000/min
Benzinzufuhr mechanische Bosch-Einspritzung
Getriebe 5 Gänge + RG
Chassis Stahlrohrrahmen
Vorderachse Doppeldreieckslenker, Schraubenfedern, Stabilisator
Hinterachse Doppeldreieckslenker, Schraubenfedern, vier Stoßdämpfer, Stabilisator
Reifen vorne/hinten 240/55 VR 15
Leergewicht 1580 kg
Fahrleistung 275 km/h Höchstgeschwindigkeit

Linke Seite oben:

Stilistisch stark von der Studie P6 und dem drei Jahre später auf dem Turiner Salon gezeigten Prototyp Berlinetta Boxer beeinflusst, war der Serien-BB der erste Ferrari mit Zwölfzylinder-Flachmotor.

Kundensport

Ferrari BB 512 LM

In der zweiten Hälfte der siebziger Jahre pumpte Ferrari alle verfügbaren Mittel nur mehr in die Formel 1. Diese Konzentration auf die Königsklasse des Motorsports führte indessen nicht zu einer totalen Vernachlässigung von Ferraris früheren Lieblingsrennklassen. Dass dem so war, lag nicht zuletzt an den großen Erfolgen des Daytona Competizione und dem segensreichen Wirken gewisser Ferrari-Importeure. Und so bereitete sich auch Ferraris neues Spitzenmodell BB auf einen Abstecher in den Sport vor.
1975 bot ein Vorspiel, als der 365 GT4 BB in Daytona, Sebring und Le Mans am Start stand. Der Wagen fuhr für das NART-Team und ähnelte dem Serien-BB noch stark; Luigi Chinetti zog in Le Mans aber den BB zurück, erbost über den erfolgten Ausschluss seines Dino 308 GT 4. 24 Monate später kehrte der BB nach Le Mans zurück. Als einziger Ferrari am Start, ähnelte dieses Auto mit der Startnummer 75 schon eher einem vollblütigen Rennsportwagen, mit seinen bauchig ausgestellten Kotflügeln, den NACA-Lufteinlässen und seinem auf über 400 PS gebrachten Motor. Das Trio Migault/Guitteny/„Cocholopez" beschloss das Rennen auf dem 16. Platz insgesamt und dem fünften Rang in der IMSA-Klasse.
Mit dem neuen BB 512 kehrte auch neuer Enthusiasmus ein. Anfang 1978 überredete der französische Importeur die Kundensport-Abteilung des Werks, eine Rennversion auf die Räder zu stellen, die es mit der starken Konkurrenz in der IMSA-Klasse aufnehmen konnte. Mit einem Leergewicht von 1200 Kilo, einer Leistung von 460 PS und einer aerodynamisch stark verbesserten Karosserie schien der BB-78 gut für Le Mans gerüstet; allerdings litten alle vier vertretenen Wagen an schwerwiegenden Getriebeproblemen.
Doch die Importeure gaben so schnell nicht auf. Im Winter 1978 wurde eine neue Version präpariert. Dieser BB-LM ähnelte seinen Vorgängern kaum mehr. Ausgiebige Tests im Pininfarina-Windkanal führten zu einer um 40 Zentimeter längeren Hülle und einem hochragenden Heckflügel. In der breiteren Karosserie fanden breitere Felgen Platz, vorne 10, hinten 13 Zoll messend. Die TRX-Reifen waren zuvor von Michelin

Hertz
73
GLOBE
PROPAGANDA
chemises
PLAY BOY
CIBIÉ
CIBIÉ
Hertz

Der BB 512 LM wurde auf das Drängen der Importeure und Sportkunden hin entwickelt. Links unten Chassis 30559 bei seinem letzten Einsatz in Le Mans 1982.

intensiv erprobt worden und kamen der Straßenlage sehr zugute, brachten sie doch die nunmehr 480 PS des 4,9-Liter-Einspritzers, die bei 7200 Touren anfielen, sehr gut auf die Straße. Nichts wurde dem Zufall überlassen: das Getriebe, Schwachpunkt des Vorgängers, wurde verstärkt, das Kühlsystem größer dimensioniert und das Fahrwerk mit neuen Federn versehen. Beim Gewicht ließen sich weitere 100 Kilo einsparen.
Die Laufbahn des neuen BB nahm bei den 24 Stunden von Daytona ihren Anfang. Das Team Pozzi-JMS brachte unter Ballot-Léna/Leclère und Andruet/Dini zwei Autos an den Start, ein Weiteres fuhr für das NART-Team unter Tullius/Bedard/Delaunay. Das Training verlief viel versprechend, doch offenbarten sich auch Probleme mit den Reifen: Ballot-Léna musste nach einem Reifenplatzer einen Abflug hinnehmen.
Im Rennen lagen die BB nach zwei Stunden auf den Plätzen 7, 8 und 9, als Delaunay das selbe Schicksal erlitt wie zuvor der Franzose. Diesmal sorgte der Unfall dafür, dass Pozzi-JMS seine beiden Autos zurückzog. Diese weise Entscheidung führte allerdings bei den Piloten, angesichts des Ausgangs des Rennens, zu einigem Bedauern.
Gleichwohl stellte Jean-Claude Andruet fest, dass Ferrari imstande sein sollte, die nächsten 24 Stunden von Le Mans zu gewinnen.
Die vier Crews, die dann in Le Mans am Start standen, strotzten dann auch nur so vor Optimismus. Doch die Wagen von Pozzi-JMS und NART konnten von dem Massensterben unter den Prototypen und dem einsetzenden Regen nicht recht profitieren, und am Ende sah nur der langsamste der BB unter „Beurlys"/O'Rourke/Faure/De Dryver als Zwölfter die Zielflagge. Auf die Enttäuschung von Le Mans reagierte man mit harter Arbeit. Die Siegesgöttin sollte den Roten zulächeln...
Bei unserem Fotomodell handelt es sich um den vierzehnten von insgesamt 29 BB-LM und das erste Exemplar der Anfang 1980 gebauten

EUROPEAN UNIVERSITY
76
Ch. POZZI JMS racing

OIL TEMP
WATER T
water
acqua
electronic
x 1000
FUEL PUMP ON
TURN
LIGHT
EMERG FLASH
FUEL P
OIL P
W WASHER

Datenblatt BB 512 LM

Motor Zwölfzylinder-Flachmotor
Hubraum 4942 ccm
Bohrung x Hub 82 x 78 mm
Leistung 480 PS bei 7000/min
Benzinzufuhr mechanische Bosch-Einspritzung
Getriebe 5 Gänge + RG
Chassis Stahlrohrrahmen
Vorderachse Doppeldreieckslenker, Schraubenfedern, Stabilisator
Hinterachse Doppeldreieckslenker, Schraubenfedern, vier Stoßdämpfer, Stabilisator
Reifen vorne/hinten 9,00/13,00 x 15
Leergewicht 1220 kg
Fahrleistung über 300 km/h Höchstgeschwindigkeit

Linke Seite oben:

Nur eines von drei Fahrzeugen des Teams JMS-Pozzi kam 1980 in Le Mans ins Ziel: Dieudonné/Xhenceval/Regout belegten den 10. Platz.

neuen Version. Chassisnummer 30559 wurde im Mai 1980 an das NART-Team geliefert und an Preston Henn weiterverkauft, der in Le Mans startete. Wegen eines Motorschadens im Training konnte 30559 unter Henn/Delaunay das Rennen nicht bestreiten. Mit Wollek/Dören/Lanier am Steuer nahm der Wagen 1981 an den 24 Stunden von Daytona teil. Trotz guter Trainingsergebnisse schied er in den Budweiser-Farben mit Differenzia problemen aus. Auch am 20. März, bei den 12 Stunden von Sebring, hatte der Wagen unter Janet Guthrie/Desiré Wilson/Bonnie Henn keine Chance. In Le Mans 1981 war der Wagen nicht zu sehen; bei diesem Rennen zeigte der BB-LM von Ferrari Frankreich unter Andruet/Ballot-Léna (Nummer 31559) seine beste Performance an der Sarthe und kam auf den beachtlichen fünften Gesamtrang und den ersten Platz in der IMSA-GTX-Klasse. 30559 hingegen trat im Jahr darauf wieder in Le Mans an; in den Farben des T-Bird Swap Shop startend, fielen Preston Henn/Randy Lanier/Denis Morin noch vor dem Gemetzel der Nachtstunden mit Motorschaden aus. Ende 1982 leistete sich Nummer 30559 eine exotische Eskapade und startete bei den 6 Stunden von Fuji in Japan. Durch die wiederholten Ausfälle entnervt, verkaufte Preston Henn 1983 seinen BB-LM an Warren Mosler, Chef des Teams Mosler Racing.1985 fuhr 30559 in der amerikanischen IMSA Camel GT-Serie seine letzten Rennen. Seit November 1992 ist der Wagen Bestandteil einer berühmten Schweizer Sammlung. Ein so ambitioniertes motorsportliches Engagement eines Importeurs hat man freilich seit damals nicht mehr gesehen.

Generation Turbo

Ferrari 288 GTO

Einer wohletablierten Tradition bei Ferrari zufolge floss schon immer die im Rennsport gewonnene Erfahrung in den Bau der Serienmodelle ein. Die Verwendung von Turbomotoren, die ab 1981 in der Formel 1 eingesetzt wurden, brachte Enzo Ferrari auf eine Idee: und so äußerte der Commendatore im Winter 1982 den Wunsch nach einem ultrasportlichen 308 GTB, der sich der jüngsten, in der Formel 1 bewährten Technik bedienen sollte. Mit der Entwicklung wurden Nicola Materazzi, seit 1979 bei Ferrari, und Angelo Bellei, zuständig für die Straßensportwagen, betraut. Unter ihrer Ägide entstand ein radikaler Straßen-GT mit Turbomotor. Ein knappes Jahr darauf fuhr der Prototyp auf der Piste von Fiorano seine ersten Runden.

Die Serienversion wurde auf dem Genfer Salon 1984 erstmals gezeigt; der neue Sportler, der ja schon im Namen auf den 250 GTO des Jahres 1962 verwies, nahm den Traditionsfaden der Kundensportwagen von neuem auf. Als erster Supersportwagen der modernen Zeit verfügte der 288 GTO über ein geballtes Maß an Avantgarde-Technik: V8-Motor mit Turboaufladung, 400 PS und eine Spitze von 305 km/h waren das messbare Ergebnis. Diese Leistungsdaten waren ohne Vorbild. Als am 28. Februar um 17 Uhr das Messeexponat enthüllt wurde, drängte sich eine unvorstellbare, enthemmte Menschenmasse am Ferrari-Stand und riss den PR-Leuten die Pressemappen wortwörtlich aus den Händen – darunter waren die Journalisten in der Minderheit. Wer den Wagen nicht erwerben konnte, tröstete sich eben auf diese Weise. Die

Über zwanzig Jahre lang hatte Ferrari gewartet, ehe man das Kürzel GTO wieder verwendete. Der neue GTO war eine radikale Berlinetta mit Formel-1-Technik und wurde im März 1984 auf dem Genfer Salon vorgestellt.

formschöne und majestätisch auf ihrem Podest thronende Bestie entzog sich durch Unverkäuflichkeit den geifernden Massen: für potenzielle Interessenten war es bereits zu spät. Wenige Tage zuvor waren über die großen Händler und Importeure die treuen Stammkunden informiert und die ursprünglich geplante Serie von zweihundert Exemplaren (für die Homologation in der Gruppe B) im Voraus verkauft worden. Angesichts der überwältigenden, weltweiten Nachfrage musste das Werk die GTO je nach Anteil an den Verkäufen an die einzelnen Länder zuteilen.
Woher kam die Faszination, die das neue Modell ausstrahlte? Die Antwort lag erster Linie in der Wiederbelebung des klassischen Labels GTO begründet. Der 288 GTO war exklusiv in allen Bedeutungen des Wortes; die Produktion war limitiert und das Konzept des Wagens ankerte im Rennsport. Die Aggressivität der Linien atmete unverfälschte Kompromisslosigkeit. Pininfarina hatte auf Basis des 308 GTB einen künftigen Klassiker geformt: der Radstand wuchs im Vergleich zum Ausgangsmodell um 11 Zentimeter, die Kotflügel zeigten sich ausgebaucht, um die wuchtigen Speedline-Felgen aufnehmen zu können; die tief heruntergezogene Frontschürze, der nach hinten verlängerte Heckspoiler und die drei Luftschlitze an den hin-

1984 lasen sich die Leistungswerte des 288 GTO phantastisch: längs montierter Biturbo-V8 mit 400 PS, Karosserie aus Karbon/Kevlar und 305 km/h Spitze.

teren Kotflügeln verliehen dem Ensemble ein viriles Flair. Eine genauere Untersuchung des GTO enthüllte den Einfluss der Rennsportabteilung: Ferrari beauftragte seinen englischen Formel-1-Konstrukteur Harvey Postlethwaite damit, seine Kunst am 288 GTO zu beweisen und die Verwendung hochresistenter Kompositmaterialien für tragende Teile und als Ersatz für die Aluminiumrohre des Chassis zu erproben. Zum großen Vorteil der Verwindungsfestigkeit und des Gewichtes war der größte Teil der gemeinsam mit Pininfarina entwickelten Karosserie, mit Ausnahme der Fronthaube und einiger Verstärkungen aus Kevlar und Nomex, in fiberglasverstärktem Kunststoff gehalten. Ohne die Gewichtseinsparungen auf die Spitze zu treiben, wog der GTO mit leerem Tank lediglich 1160 Kilogramm und damit 115 Kilo weniger als der 308.

Auch im Falle des Motors seines neuen Spitzenmodells bediente sich Ferrari der Unterstützung der eigenen Rennabteilung. Im Gegensatz zum 308 war der Motor hier in Längsrichtung verbaut. Materazzi erläuterte die Vorteile: „Es gab drei Gründe dafür, vor allem aber waren so die Auspuffkanäle gleich lang, das war wichtig für die Einstellung der beiden Lader. Dann lag der Schwerpunkt des Autos tiefer, weil das Getriebe hinter dem Mo-

Objekt der Begierde:
vom 288 GTO sollten ursprünglich nur 200 Exemplare entstehen, um den Homologationsvorschriften der Gruppe B Genüge zu tun; am Ende wurden es dann 272 Stück.

Datenblatt 288 GTO

Motor V8, 90° Gabelwinkel
Hubraum 2855 ccm
Bohrung x Hub 80 x 71 mm
Leistung 400 PS bei 7000/min
Benzinzufuhr elektronische Weber-Marelli-Einspritzung
Turbolader 2 IHI-Lader
Getriebe 5 Gänge + RG
Chassis Stahlrohrrahmen
Vorderachse Doppeldreieckslenker, Federbeine, Stabilisator
Hinterachse Doppeldreieckslenker, Federbeine, vier Stoßdämpfer, Stabilisator
Reifen vorne/hinten 225/55 und 265/50 VR 16
Leergewicht 1160 kg
Fahrleistung 305 km/h Höchstgeschwindigkeit

tor lag und schließlich war der Motor bei dieser Ausrichtung leichter zugänglich." Die Maschine, intern Typ F114B genannt, basierte auf dem Triebwerk des 308 und der Gruppe-C-Motorstudie, die man an Lancia abgetreten hatte. Der Hub war mit 71 mm identisch mit dem Maß des F105 aus dem 308, doch die Bohrung wurde um einen Millimeter auf 80 mm reduziert; damit entsprach der Hubraum mit 2855 ccm dem Reglement, das die internationale Motorsportbehörde FIA für die Gruppe B aufgestellt hatte. Um seine Höchstleistung von 400 PS bei 7000 Umdrehungen und das beeindruckende Drehmomentmaximum von 50,6 mkg bei 3800 Touren zu erreichen, verfügte der 32-Ventiler über zwei japanische IHI-Turbolader, die im Auspufftrakt installiert waren und mit einem Ladedruck von bis zu 0,8 bar arbeiteten. Ebenfalls aus dem Rennsport stammte die integrierte Einspritz- und Zündanlage von Weber-Marelli. Die Kraftübertragung besorgte eine Zweischeibenkupplung von Borg & Beck und ein vollsynchronisiertes Fünfganggetriebe mit Gehäuse aus Aluminium und Magnesium. Die besondere Konstruktion des Getriebes allein senkte den Schwerpunkt der Antriebseinheit um fast sechs Zentimeter.

Das Fahrwerk bot vorne Doppeldreieckslenker und hinten Federbeine, die innen belüfteten Scheibenbremsen besaßen eigens von Brembo entwickelte Aluminium-Komponenten. Im Interieur dominierte eine funktionelle Einfachheit. Die beiden Schalensitze waren mit Daytona-ähnlichem Leder bezogen, das Armaturenbrett mit schwarzem Veloursstoff bespannt. Als Extras waren eine Klimaanlage und elektrische Fensterheber lieferbar, die seinen Kunden anzubieten der französische Importeur sich allerdings weigerte. Die Homologation für die Gruppe B, die für Teilnehmer an der Rallyeweltmeisterschaft reserviert war, sorgte für reichlich Verwirrung, was die Berufung des Wagens anging: kein 288 GTO sah jemals einen Renneinsatz. Dennoch gab es eine Kleinserie von Evoluzione-Modellen, die an bevorzugte Sammler ging. Als höchster Ausdruck einer gelungenen Verbindung von Technologie und Ästhetik sollte der 288 GTO nicht ohne Nachfolger bleiben; bis dieser erschien, wurden nach offiziellen Quellen 272 Exemplare hergestellt.

Enzos letzter Sprössling

Ferrari F40

Der Erfolg des 288 GTO und die 1987 nachgeschobene Evoluzione-Kleinserie eröffnete dem Ferrari-Management neue Perspektiven. Womit ließ sich der GTO ersetzen? Da der vierzigste Geburtstag der Marke über den Horizont lugte, gewann diese Frage erhöhte Wichtigkeit. Dem Commendatore, Direktor Battista Razelli und den Ingenieuren der Entwicklungsabteilung stellte sich die Aufgabe, vierzig Jahre Know-how in ein neues Über auto zu gießen.

Dem GTO Evoluzione war aufgrund von Reglementänderungen seitens der FISA eine Sportkarriere versagt geblieben, doch diente er als Ausgangsbasis für die Konzeption eines neuen Modells, das an die Philosophie der 250 Berlinetta anknüpfen sollte: einerseits volle Alltagstauglichkeit, andererseits für die Rennstrecke tauglich.

Am 21. Juli 1987 wurde der F40 präsentiert und entfachte einen Sturm der Begeisterung bei Ferrari-Fans und Rennsportliebhabern gleichermaßen. Der Finesse der Technik entsprach der Grad an Enthusiasmus: binnen weniger Wochen gingen aus der ganzen Welt 2800 Bestellungen ein. Doch eine solch hohe Auflage war nicht geplant, und die limitierte Serie ging nur in die Hände der Getreuen der ersten Stunde. Daher begann schon vor der Auslieferung des ersten Exemplars der Spekulationsrummel.

Aus Anlass des Jubiläums auf den Namen F40 getauft, stellte dieser neue Ferrari ein durch und durch kompromissloses Gerät dar. Ein echter Ferrari, ohne Mätzchen, und von großer Kühnheit.

Zwischen dem 288 GTO und dem F40 lagen Welten. Die tiefgezogene Schnauze und der enorme Heckflügel verströmten Rennsportflair. Breit (1,98 m) und flach (1,13 m), war der F40 ohne Vor-

Ferrari

Der F40 sollte den vierzigsten Geburtstag der Marke Ferrari gebührend feiern und war Enzo Ferraris letztes Auto. Der Ingenieur, der sein Leben dem Automobil gewidmet hatte, starb mit 90 Jahren am 14. August 1988.

Unten:

Einmal mehr bescherte der französische Importeur einem Ferrari eine sportliche Karriere: der bärenstarke F40 IMSA lief in der gleichnamigen amerikanischen Rennserie.

bild. Die Form des F40 stammte wieder von Pininfarina und war von einer kraftstrotzenden Brutalität geprägt.
Ähnlich wie sein Vorläufer übernahm der F40, so hatten es Projektleiter Materazzi und Assistent Carnilla für gut befunden, den stark überarbeiteten V8 der normalen Serienmodelle, in diesem Falle den Vierventiler aus den 328 und Mondial Quattrovalvole, zusätzlich beatmet von zwei IHI-Ladern mit einem maximalen Ladedruck von 1,1 bar. Der Hubraum des F40 belief sich auf 2936 ccm, die Leistung kletterte auf 478 PS bei 7000 Umdrehungen, das Höchstdrehmoment auf 58,8 mkg, die bei 4000 Touren anfielen. Aus dem Sport stammte die integrierte Einspritz- und Zündanlage der jüngsten Generation von Magneti Marelli, die acht Drosselklappen individuell steuerte und den Ladedruck variierte; ferner wartete die Maschine mit zwei voluminösen Ladeluftkühlern und Trockensumpfschmierung auf. Das Fünfganggetriebe, je nach Kundenwunsch mit oder ohne Synchronisation erhältlich, besaß ein Lamellen-Selbstsperrdifferenzial; der V8 war mittschiffs längs montiert und ruhte, wie beim 288 GTO, in einem vielgliedrigen Rohrrahmenchassis. Anders als beim GTO hatte der Motor aber im F40 mittragende Funktion, war er doch fest mit der Karbon-Kevlar-Struktur des Autos verbunden. Dies sorgte, Ferrari zufolge, für eine Gewichtsreduktion von 20% und eine dreifach höhere Karosseriesteifigkeit.
Zwar wurde der F40 nur in Kleinserie gebaut, dennoch handelte es sich bei ihm um das erste Serienauto, an dem in größerem Umfang

Jean Alesi fiel die Ehre zu, beim ersten Renneinsatz des F40 IMSA am Steuer zu sitzen, im Rahmen der IMSA GTO Challenge in Laguna Seca im Oktober 1989. Zu Beginn führend, belegte Alesi am Ende den ermutigenden dritten Platz.

Kompositmaterialien zum Einsatz kamen. Das war dank den in der Formel 1 gewonnenen Erkenntnissen möglich geworden.
Der F40 verkörperte die kühnsten Träume des berühmten Ingegnere, doch verschlang er beträchtliche Entwicklungskapazitäten. Er sollte keine Diva werden. Daher wurde das Chassis, konstruktiv mit einem Gitterrahmen aus feinen Stahlrohren und einem robusten Leiterrahmen aus Ovalrohren deutlich mit dem 328 verwandt, beim Spezialisten Vaccari in Modena produziert. Die Komposit-Paneele entstanden bei der Firma Bagni in Reggio Emilia, die einen geeigneten Ofen besaß. Die Teile wurden an Scaglietti nach Modena geliefert, inzwischen Teil des Ferrari-Imperiums, wo die Paneele mit Spezialleim verklebt wurden. Die Hauben wurden ebenfalls bei Bagni geformt und dann im Werk lackiert – ein Prozess, der sich im Falle der Fronthaube über drei Tage hinzog!
Aus dem Rennsport stammte einmal mehr das Fahrwerk mit doppelten Dreieckslenkern und die Bremsanlage mit gewaltigen, 33 Zentimeter messenden Scheiben. Zur Krönung hatte Ferrari Pirelli beauftragt, eigens für den F40 besondere Reifen zu entwickeln. Mit ihrem asymmetrischen Profil umhüllten diese Pirelli P Zero die breiten Felgen mit Zentralverschluss.
Das abgemagerte Interieur entsprach dem Ideal spartanischer Sportlichkeit. Wegen der breiten, mit Kompositmaterial überzogenen Schwellerrahmen gestaltete sich der Zugang zum Innenraum recht beschwerlich, doch wer es geschafft hatte, wurde durch pure Funktionalität für die Mühen entschädigt. Einzige Konzession an den Luxus war die serienmäßige

Datenblatt F40

Motor V8, 90° Gabelwinkel
Hubraum 2936 ccm
Bohrung x Hub 82 x 69,5 mm
Leistung 478 PS bei 7000/min
Benzinzufuhr elektronische Weber-Marelli-Einspritzung
Turbolader 2 IHI-Lader
Getriebe 5 Gänge + RG
Chassis Stahlrohrrahmen
Vorderachse Doppeldreieckslenker, Federbeine, Stabilisator
Hinterachse Doppeldreieckslenker, Federbeine, vier Stoßdämpfer, Stabilisator
Reifen vorne/hinten 245/40 und 335/35 ZR 17
Leergewicht 1100 kg
Fahrleistung 324 km/h Höchstgeschwindigkeit

Der 2,9-Liter-Motor zeichnete sich durch rennsportmäßige Eckdaten aus: zwei Turbolader, 478 PS, stehender Kilometer in 21 Sekunden, 324 km/h Spitze, das war Ende der achtziger Jahre unerhört.

Klimaanlage. Wer sich in den Kevlarsitz mit Feuer hemmendem Bezugsstoff gezwängt hatte, den Zündschlüssel drehte und den Starterknopf drückte, der wurde vom Fauchen des V8 bedrängt, dem keinerlei Dämmmaterial Zügel anlegte. Die Fahrleistungen waren atemberaubend: der F40 durcheilte den stehenden Kilometer in 21 Sekunden und erreichte eine Spitze von rekordträchtigen 324 km/h.

Der Kraftprotz F40 stellte einen veritablen Rennsportwagen dar – für den täglichen Gebrauch. Zu dem Zweck geschaffen, seinem Fahrer größtmögliche Nähe zum Rennsport zu vermitteln, verkörperte der F40 zugleich alles, was den Mythos Sportwagen ausmachte. Der Tod Enzo Ferraris am 14. August 1988, kurz vor Beginn der Serienfertigung, tauchte den F40 in eine ganz besondere Aura. Als letztes Beispiel für die Leidenschaft, die den Commendatore zeit seines Lebens beflügelt hatte, sollte der F40 1989 die Rennsportbühne betreten. Der gebündelte Enthusiasmus von Daniel Marin, Jean Sage, der Michelotto-Truppe und von Maranellos Rennabteilung führte zu dem F40 Le Mans, der an dem gleichnamigen Rennen teilnehmen sollte und auf über 700 PS gebracht wurde. Das verhinderten einmal mehr Änderungen im Reglement. Der französische Importeur schickte die beiden F40-LM (Chassisnummern 79890 und 79891) ins amerikanische Exil, wo sie durch die IMSA/GTO-Klasse geisterten. Schließlich wurde 1993 die GT-Klasse wieder ins Programm aufgenommen, was den F40-LM den Start in Le Mans ermöglichte. Ohne sonderlichen Erfolg. Insgesamt wurden 18 F40-LM gebaut.

Formel 1 für die Straße

Ferrari F50

Mit dem 288 GTO hatte Ferrari 1984 eine neue Sportwagenklasse geschaffen, die sich durch absolut überlegene Fahrleistungen auszeichnete. Dem GTO war 1988 der F40 nachgefolgt, und auf dem Genfer Salon im März 1995 stand der dritte Vertreter dieser potenten und sich in höchsten technologischen Höhen bewegenden Gattung. Wo der F40 Maranellos vierzigsten Geburtstag gefeiert und sich in Gestalt eines Turbo-V8 der damals aktuellen Formel-1-Technik bedient hatte, überraschte der F50 mit einem klassischen, unaufgeladenen V12. Als straßentauglich gemachter Formel-1-Wagen erbte der F50 eine Vielzahl topaktueller technischer Merkmale aus der Königsklasse. „Alles was im Rennsport up to date war, wollten wir in den F50 transplantieren", so Projektleiter Ingenieur Amedeo Felisa.

Tatsächlich stellte der F50 einen Meilenstein der Ferrari-Geschichte dar. Als meisterhaftes Konzentrat aus 50 Jahren Ferrari-Know-how verfügte der F50 als erster Straßen-Ferrari über ein Monocoque aus Kompositmaterialien und eine mittragende Motor-/Getriebeeinheit, ein aus dem Sport stammendes, fortschrittliches Konzept. Der V12 war direkt mit dem Karbon-Chassis verblockt und stützte das gesamte Getriebe und die an einem soliden Aluminiumträger verankerten Radaufhängungen; der Träger verlief zwischen dem Motor und dem längs montierten Getriebe.

Kompakt und nur 102 Kilogramm schwer, war das Chassis zugleich ungeheuer verwindungsresistent. Der weit nach vorne gerückte Fahrerplatz lag genau im Massenzentrum des Fahrzeugs; ein vorderer Hilfsrahmen trug die Elemente der Vorderachse und die diversen Kühler in der Schnauze. Auch im Fahrwerk offenbarte sich das Formel-1-Erbe des F50: zum Einsatz kamen Doppel-Dreieckslenker. Die Federbeine waren jetzt allerdings waagerecht angeordnet, vorne oberhalb der

64 AL 72

F50

Nach dem 288 GTO aus dem Jahr 1984 und dem F40 von 1987 war der 1995 vorgestellte F50 der dritte Supersportwagen des Hauses.

Chassisrohre, hinten über der Getriebe-/Differenzialeinheit. In ihrer Funktionsweise entsprachen sie exakt den damals in der Formel 1 üblichen Federbeinen und variierten, über eine sehr innovative Elektronik, die Bodenfreiheit der Karosserie. Die enormen Bremszangen und -scheiben stammten von Brembo.

Der Motor war ein Meisterstück von nicht minderen Graden. Wie bei Ferraris damaligen Formel-1-Boliden besaß der F50 einen unaufgeladenen V12, der von dem Vierlitermotor mit 65° Gabelwinkel des Prototyps 333 SP abgeleitet war, eines Modells, das ab 1994 in der IMSA WSC-Meisterschaft eingesetzt wurde. Im F50 ergaben 85 mm Bohrung und nur 69 mm Hub einen Zylinderinhalt von 4,7 Litern. Alles was gut und teuer war, kam in dieser Maschine zum Einsatz: Titanpleuel, Trockensumpfschmierung, geschmiedete Kolben, variabler Ansaugtrakt, fünf Ventile je Zylinder, vier oben liegende Nockenwellen, optimierte Elektronik. Ein beeindruckendes Technikarsenal! Für Drehzahlen jenseits der 10.000er-Grenze ausgelegt, leistete das Triebwerk 520 PS bei 8500 Umdrehungen; das maximale Drehmoment von 48 mkg fiel bei 6500 Touren an. Das Sechsganggetriebe wurde über einen herkömmlichen Schalthebel bedient. In seiner Auslegung brach dieser Motor mit der turbogeladenen Brachialgewalt des F40; dennoch wurde schon bei den ersten Testfahrten klar, dass die gesteckten Ziele erreicht worden waren. Dank seiner harmonischeren Leistungsentfaltung war der F50 in Fiorano um volle drei Sekunden schneller als sein Vorgänger.

Aus dem Geiste des Rennsports geboren, war der F50 nur mit dem Nötigsten ausgestattet. Die Seitenscheiben mussten von Hand abgesenkt werden, der Innenraum war kahl gehalten. Die Instrumente überraschten mit einer hintergrundbeleuchteten elektroni-

Oben:

Sergio Pininfarina konnte auf seinen jüngsten Entwurf stolz sein. Stilistisch deklassierte der F50 jegliche Konkurrenz mit seinen ungeheuerlichen Proportionen und den extravaganten Formen.

64 AL 72

64 AL 72

schen Ganganzeige und konzentrierten sich auf das Wesentliche: Temperaturen, Drücke, Höchstdrehzahlen, alles wurde dem Fahrer zur Überwachung dargeboten. Die Pedalerie ließ sich verstellen, und in einer halben Stunde ließ sich die Barchetta zu einem Coupé verwandeln.
Das nicht unumstrittene Design des F50 orientierte sich in erster Linie an aerodynamischen Notwendigkeiten. Der flache Unterboden lief am Heck in zwei Diffusoren zwischen den Doppel-Auspuffrohren und dem Getriebe aus und unterstrich, wie ernst man es mit der Richtungsstabilität bei höchsten Tempi nahm. Das Team um Pininfarina-Stylingchef Ramaciotti hatte über 2000 Stunden im Windkanal verbracht und ein Auto entworfen, dem man mangelnde Auffälligkeit nicht nachsagen konnte. Die gewaltigen Reifen, vorne im Format 245/35 ZR 18, hinten 355/30 ZR 18, waren eigens von Goodyear entwickelt worden. Die Karosserie maß 448 cm in der Länge, 196 cm in der Breite, der Radstand betrug 258 cm. 1995 war der F50 weder der kräftigste noch der schnellste Supersportwagen, entschädigte aber durch das faszinierendste Fahrerlebnis. Dank seines geringen Gewichtes von 1230 Kilogramm musste jedes PS nur 2,4 Kilo in Bewegung setzen. Der F50 erreichte eine Höchstgeschwindigkeit von 325 km/h, erreichte 100 km/h in 3,9 und benötigte für den stehenden Kilometer 21,7 Sekunden.
Von diesem durch und durch exklusiven Auto entstanden 349 Exemplare. Mit 272 Stück blieb der 288 GTO der seltenste Supersportler von Ferrari, denn vom F40 waren volle 1311 Einheiten in Maranello entstanden. Der F50 als Schaustück von Ferraris Know-how beim Einsatz von rennsporterprobten Technologien und Materialien sollte seinerseits auch nicht ohne Nachfolger bleiben. Dieser war der Star des Pariser Salons im Oktober 2002; der Ferrari Enzo Ferrari huldigte in noch größerem Ausmaß den jüngsten Erfolgen des Hauses in der Formel 1.

Datenblatt F50

Motor V12, 65° Gabelwinkel, längs montiert
Hubraum 4700 ccm
Bohrung x Hub 85 x 69 mm
Leistung 520 PS bei 8500/min
Motorsteuerung Bosch Motronic 2.7
Getriebe 6 Gänge + RG
Chassis Monocoque aus Karbon-Verbundstoffen
Vorderachse Doppeldreieckslenker, Federbeine, elektronisch geregelte Stoßdämpfer
Hinterachse Doppeldreieckslenker, Federbeine, elektronisch geregelte Stoßdämpfer
Reifen vorne/hinten 245/35 und 335/30 ZR 18
Leergewicht 1230 kg
Fahrleistung 325 km/h Höchstgeschwindigkeit

Die zweisitzige Barchetta mit aufsetzbarem Dach, die nur 349 mal entstand, orientierte sich in der Technik an der Formel 1. Der unaufgeladene V12 leistete 520 PS.

Oben:

Präsentation des F50 auf dem Genfer Salon 1995: Sergio Pininfarina, Piero Lardi Ferrari und Luca Cordero di Montezemolo zeigen der internationalen Presse ihren neuen Supersportwagen.

Ferrari

Erinnerungen

Ferrari 550 Barchetta

Dass Luca Cordero di Montezemolo zu Beginn der 90er-Jahre bei Ferrari die Zügel in die Hand nahm, blieb nicht ohne Auswirkungen. Nicht damit zufrieden, die Qualität der vorhandenen Produkte zu optimieren, ließ der dynamische Italiener eine neue Generation von Ferrari-Modellen entwickeln. Denn hier bestand durchaus Handlungsbedarf. Neben dem sportlichen 348 mit Achtzylinder-Mittelmotor wollte der neue Chef die Tradition der V12-Modelle mit Frontmotor wiederbeleben. Diese Renaissance der klassischen GT-Architektur hatte das Ziel, weniger auffällige, dafür aber komfortablere und umgänglichere Sportwagen zu ermöglichen.

Das erste Ergebnis der neuen Strategie wurde am 24. September 1992 in Brüsse anlässlich des vierzigsten Geburtstages der Ecurie Francorchamps, des belgischen Ferrari-Importeurs, vorab präsentiert. Der 456 GT schloss die Lücke, die der 412i hinterlassen hatte und wies zugleich den Weg in die Zukunft. Von Pininfarina geformt, setzte der Neuling die Tradition der 2+2-sitzigen Ferraris fort und ließ die 512 TR Berlinetta mit einem Schlag alt aussehen. Mit dem Erscheinen des 550 Maranello im Jahre 1996 war der Umschwung endgültig vollzogen. Dieser hochelegante GT brach radikal mit den stilistischen Gepflogenheiten der Testarossa-Modelle, die er ersetzte. Der Maranello war weit weniger polarisierend ausgelegt und verprellte damit einige hartgesottene Mittelmotorfreunde. Doch die Fangemeinde akzeptierte weithin die Rückkehr zum Frontmotor; die Fakten beschämten die Unzufriedenen: auf der anspruchsvollen Piste von Fiorano nahm der Maranello dem letzten Vertreter seines Vorgängermodells, dem F 512M, drei Sekunden ab und verdiente sich so seine Sporen. Bei der Entwicklung des Modells mit dem symbol-

Das Konzept des Spyders mit Zwölfzylinder-Frontmotor wurde mit der 550 Barchetta Pininfarina wieder aufgenommen, die auf dem Pariser Salon 2000 präsentiert wurde, um den 65. Geburtstag des Turiner Karosseriebauers zu feiern.

trächtigen Namen ließ sich Ferrari von den besten Ideen der Firmenhistorie leiten. Schon äußerlich unterstrich das die wiederum von Pininfarina gezeichnete Karosserie; Lorenzo Ramaciotti, Chef der Designabteilung des Turiner Hauses, hatte ein Meisterstück an kraftvoller Eleganz gezeichnet. 18 Zentimeter kürzer und 2,3 Zentimeter flacher als der 456 GT, huldigte der 550 Maranello dem Kult des Zweisitzers. Technisch orientierte sich der 550 am größeren Schwestermodell und besaß den gleichen Motor, den meisterhaften 5,5-Liter-V12 mit 65° Gabelwinkel, allerdings in überarbeiteter Gestalt: variable Einlassgeometrie und eine Abgasanlage mit Gegendruckkammer sowie ein höheres Drehvermögen – die Nenndrehzahl lag bei 7700 statt bei 7200 Umdrehungen – ließen die Leistung auf 485 PS steigen, das Drehmoment erreichte bei 5000 Touren seinen Gipfel von phänomenalen 58 mkg. Das Sechsganggetriebe lag vorne, um die Gewichtsverteilung zu optimieren. Mit abschaltbarer elektronischer Fahrwerksregelung und elektronisch geregelten Stoßdämpfern läutete der Maranello ein neues Zeitalter ein und verwöhnte mit deutlich besserem Komfort und gesteigerter Sicherheit.

Auch das Interieur, in Form und Materialwahl durchaus nostalgisch gehalten, markierte mit den vorhandenen Airbags den Übertritt in die Moderne. Dem 550 Maranello als Wächter der klassischen Gran-Turismo-Tugenden wurde, zu seinem fünften Geburtstag, überraschend eine Variante zur Seite gestellt. Und was für eine! Zur Feier von siebzig Jahren Pininfarina bestellte Ferrari bei seinem langjährigen Partner eine offene Version. Die 550 Barchetta Pininfarina erlebte im September 2000 auf dem Pariser Salon ihre Weltpremiere und erinnerte die Betrachter an den Geist, der die 250 GT California und 365 GTS/4 hervorgebracht hatte, welche die Barchetta beerbte. Zugleich handelte es sich um den ersten offenen Ferrari mit Frontmotor seit der auf 121 Stück beschränkten Kleinserie des Daytona Spyder im Jahre 1973.

Die Barchetta entsprach technisch dem Maranello Coupé, im Geiste aber war sie sehr extrem. Ausschließlich für das Offenfahren konzipiert, waren bei geschlossenem Verdeck nicht mehr als 110 km/h erlaubt. Aber der Wagen war ohnehin nur für Landstriche gedacht,

Die Begeisterung für die in limitierter Stückzahl aufgelegte Barchetta war so gewaltig, dass alle 448 Exemplare in den ersten Stunden des Salons verkauft wurden.

Datenblatt
550 Barchetta Pininfarina

Motor V12, 65° Gabelwinkel
Hubraum 5474 ccm
Bohrung x Hub 88 x 75 mm
Leistung 485 PS bei 7000/min
Benzinzufuhr elektronische Bosch-Einspritzung
Getriebe 6 Gänge + RG
Chassis verschweißte Rohrrahmenstruktur
Vorderachse Doppeldreieckslenker, Federbeine, Stabilisator, elektronisch geregelte Stoßdämpfer
Hinterachse Doppeldreieckslenker, Federbeine, Stabilisator, elektronisch geregelte Stoßdämpfer
Reifen vorne/hinten 255/40 und 295/35 ZR 18
Leergewicht 1780 kg
Fahrleistung 300 km/h Höchstgeschwindigkeit

Auf dem 550 Maranello basierend besaß auch die Barchetta Pininfarina den 485 PS starken 5,5-Liter-V12, verfügte freilich über einen besonderen, sportlicher gehaltenen Innenraum.

in denen stets die Sonne lacht. Im Falle eines plötzlichen Regengusses ließ Ferrari den Insassen nur eine Wahl: entweder sofort anhalten und in mühseliger, händischer Fummelei das dünne Stoffverdeck aufzuklappen; oder aber statt dessen die serienmäßig mitgelieferten roten Schutzhelme aufzusetzen! Bei Sonnenschein freilich erweckte die Barchetta pure Begeisterung. Der Bolide, im Übrigen am Chassis verstärkt und mit stärker geneigter Windschutzscheibe ausgerüstet, bot die unverfälschteste Form, sich am Gesang des exotischen V12 zu erfreuen. Doch nur wenige sollten auserwählt sein, denn ganze 448 Exemplare wurden im Laufe des Jahres 2001 produziert. Elitär durch und durch, besaß die Barchetta Spezialfelgen und Karbonmaterial an Armaturenbrett und Sitzen; wem der Sinn nach noch mehr Exklusivität stand, dem bot das Carrozzeria Scaglietti genannte Individualisierungsprogramm die Wahl bei der Farbe des Lederbezuges der Überrollbügel und der Farbe der Bremszangen sowie die Möglichkeit, Hosenträgergurte zu ordern.

Die Ankunft des 575M im Frühjahr 2002, mit 515 PS starkem Motor und dem sequentiellen F1-Schaltgetriebe aus dem 360 Modena tat ein Übriges, um das Interesse der Kundschaft an Ferraris Frontmotor-Zweisitzer nicht erlahmen zu lassen.

Einladend präsentiert sich der Fahrerplatz der 550 Maranello Barchetta; das Interieur des offenen Wagens unterscheidet sich vom Coupé durch die sportlichen Karboneinlagen am Armaturenbrett.